NOUVELLES ÉTUDES

SUR L'HISTOIRE

DE LA

PENSÉE SCIENTIFIQUE

PAR

G. MILHAUD
Professeur à l'Université de Paris

PAUL TANNERY. — LA PENSÉE MATHÉMATIQUE ; SON RÔLE DANS L'HISTOIRE DES IDÉES. — L'APPORT DE L'ORIENT ET DE L'ÉGYPTE DANS LA SCIENCE GRECQUE. — LE TRAITÉ DE LA MÉTHODE D'ARCHIMÈDE — DESCARTES ET LA GÉOMÉTRIE ANALYTIQUE. — DESCARTES ET LA LOI DES SINUS. — LES LOIS DU MOUVEMENT ET LA PHILOSOPHIE DE LEIBNIZ. — DESCARTES ET NEWTON.

PARIS
FÉLIX ALCAN, ÉDITEUR
LIBRAIRIES FÉLIX ALCAN ET GUILLAUMIN RÉUNIES
108, BOULEVARD SAINT-GERMAIN, 108

NOUVELLES ÉTUDES SUR L'HISTOIRE DE LA PENSÉE SCIENTIFIQUE

OUVRAGES DU MÊME AUTEUR

La Théorie générale des fonctions de Paul du Bois-Reymond. (Traduction en collaboration avec A. Girot.) Paris, Hermann, 1887.

Leçons sur les origines de la science grecque. Paris, F. Alcan, 1893 (*Epuisé*).

Essai sur les conditions et les limites de la certitude logique, 2e *édition*. Paris, F. Alcan, 1898.

Le Rationnel. Paris, F. Alcan, 1898.

Les Philosophes-Géomètres de la Grèce : Platon et ses prédécesseurs. Paris, F. Alcan, 1900. (Couronné par l'Académie des sciences morales et politiques.)

Le Positivisme et le Progrès de l'esprit. Paris, F. Alcan, 1902.

Etudes sur la Pensée scientifique chez les Grecs et chez les Modernes. Paris, Lecène et Oudin et F. Alcan, 1906. (Couronné par l'Académie française.)

Num Cartesii Methodus tantum valeat in suo opere illustrando quantum ipse senserit. Montpellier, Coulet, 1894.

NOUVELLES ÉTUDES

SUR L'HISTOIRE

DE LA

PENSÉE SCIENTIFIQUE

PAR

G. MILHAUD

Professeur à l'Université de Paris

PAUL TANNERY. — LA PENSÉE MATHÉMATIQUE ; SON RÔLE DANS L'HISTOIRE DES IDÉES. — L'APPORT DE L'ORIENT ET DE L'ÉGYPTE DANS LA SCIENCE GRECQUE. — LE TRAITÉ DE LA MÉTHODE D'ARCHIMÈDE. — DESCARTES ET LA GÉOMÉTRIE ANALYTIQUE. — DESCARTES ET LA LOI DES SINUS. — LES LOIS DU MOUVEMENT ET LA PHILOSOPHIE DE LEIBNIZ. — DESCARTES ET NEWTON.

PARIS

FÉLIX ALCAN, ÉDITEUR

LIBRAIRIES FÉLIX ALCAN ET GUILLAUMIN RÉUNIES

108, BOULEVARD SAINT-GERMAIN, 108

1911

NOUVELLES ÉTUDES SUR L'HISTOIRE

DE

LA PENSÉE SCIENTIFIQUE

PAUL TANNERY[1]

Les leçons sur l'œuvre scientifique de Descartes, que j'ai annoncées pour cette année, seront par elles-mêmes un hommage à la mémoire de Paul Tannery, dont les travaux et les publications permettent d'aborder plus aisément les problèmes multiples et complexes que soulève un pareil sujet. Mais j'ai voulu faire davantage, et m'acquitter d'un pieux devoir en vous réunissant aujourd'hui, — premier anniversaire de sa mort, — pour vous parler de lui, m'abandonnant en toute familiarité à mes impressions et à mes souvenirs.

Son nom a été bien souvent prononcé dans cette chaire. Il venait déjà tout naturellement sur mes lèvres la première fois que j'ai eu l'honneur de parler ici. C'était pendant l'hiver de 1892 : je vous apportais mes leçons sur les origines de la science grecque, et comme j'avais énuméré par avance toutes les difficultés que

1. Leçon lue le 27 novembre 1905 à la Faculté des Lettres de Montpellier.

présente une étude sérieuse de l'histoire des sciences et toutes les qualités diverses qu'elle exige, je vous donnais la preuve qu'elle était pourtant possible, en vous citant le nom de Paul Tannery. Peu après, quand mes leçons parurent en volume, c'est sous son nom encore que je voulus les abriter. Depuis ce temps, mes recherches ne se sont pas toujours poursuivies dans les voies mêmes où travaillait Tannery, mais toujours j'ai eu le sentiment très net de ce que je devais à l'influence de ses livres.

Permettez-moi de remonter, pour être mieux compris, à un passé déjà lointain. Vous savez ce qu'avait été longtemps en France la philosophie universitaire, je veux dire cette sorte de catéchisme naïf et banal auquel avait abouti l'école de Cousin ; et vous savez à quel point la rhétorique, qui s'y donnait libre carrière, avait inévitablement séparé la philosophie de la science. Si vous l'aviez peut-être oublié, c'est que depuis trente ou quarante ans bien des influences diverses se sont exercées qui, faisant de la première, sous un de ses aspects essentiels, une critique de la connaissance, ont rendu à la science la place qui lui était due dans l'enseignement philosophique. Ce n'est pas ici le moment de rappeler tous les efforts qui, dans des directions différentes, ont abouti à ce résultat. Je dirai seulement quelle fut ma surprise, quand, sorti de l'École Normale, après quelques années consacrées à l'étude des sciences, mais ayant gardé des excellentes leçons de mon ancien maître, M. Souquet, un goût très vif pour la réflexion philosophique, je pus lire, dans la revue que M. Ribot avait fondée en 1876, les études de Paul Tannery. Que ce fussent des analyses critiques ou des articles originaux, il s'y trouvait le souci constant de mettre à l'épreuve de la connaissance scientifique les procédés logiques de l'esprit. Et à la place des considérations vagues et creuses sur telle ou telle proposition de mécanique ou de physique, souvent mal comprise, à la place des mots et des phrases que l'on était trop habitué à trouver chez les philosophes universitaires, toutes les fois qu'ils se donnaient l'illusion d'un appel à la science, c'était l'analyse, la géométrie, la mécanique, la physique, qui venaient elles-mêmes, simplement, franchement, dans le langage des savants, fournir la matière et le fond de la pensée philosophique. Tantôt il s'agissait de chercher les formes utiles du syllogisme dans les raisonnements du physicien ou du chimiste. Tantôt, et le plus souvent, il s'agissait de la connaissance mathématique : tous les problèmes que soulèvent les notions fondamentales de la mécanique, les principes du calcul infinitésimal, l'existence et la variété des géométries non euclidiennes, étaient abordés et traités ; des informations historiques précises venaient incidemment éclairer les détails et achever de mettre en relief la nature des véritables difficultés. Tantôt enfin c'était quelque passage mathématique de la *République* ou du *Menon*, si étrangement traduit jusqu'ici, qui recevait d'un vrai géomètre, rompu à la langue d'Euclide, une interprétation inattendue. Pour moi, tout cela était si nouveau et plein d'intérêt que je ne me contentais pas de lire, je commentais, je discutais avec mon ami Pierre Janet : c'est le temps où, l'un et l'autre professeurs au lycée du Havre, nous rompions des lances à propos des arguments de Zénon d'Elée, du continu, de la quantité et de la qualité... et où ses exigences de clarté et de précision me forçaient à réfléchir sur maints problèmes que pose la connaissance mathématique, tandis que je profitais par son intermédiaire de la forte et pénétrante philosophie dont il venait d'avoir le contact à l'École Normale, je veux parler de la philosophie de M. Boutroux. Et c'est pourquoi j'étais alors peut-être particulièrement mûr pour apprécier tout l'intérêt des travaux de Tannery. Quand je commençai à lire ses monographies sur Thalès, sur Anaximandre, sur Parménide et sur la plupart des penseurs qui ont précédé Socrate, je me sentis captivé par le charme de ces études, au point que dès ce jour mon désir eût été de prendre pour modèle et pour guide cet esprit si original, si ingénieux et si minutieusement informé, qu'il s'agît de sciences, de philosophie, d'histoire ou de philologie. Peut-être y eut-il alors quelque chose de juvénile dans l'excès même de mon enthousiasme, mais, à distance pourtant, je me rends parfaitement compte de ce qui pouvait faire le charme de semblables travaux.

Les noms de ces anciens sages de la Grèce, Thalès, Pythagore, Parménide, évoquaient des souvenirs étranges et mystérieux... Le peu que nous en disaient les manuels destinés à l'enseignement nous donnait l'impression que les origines de la pensée philosophique avaient été marquées par je ne sais quelle incohérence et quelle débauche d'imagination maladive, — en tous cas par une ardeur métaphysique qui nous est à peine accessible même quand nous nous aidons d'Aristote ou de Zeller : l'eau, l'air, l'infini, l'un, le nombre, l'intelligence, successivement posés comme la clé du mystère suprême des choses, tel était le résidu, le plus compréhensible encore, de l'ensemble de tous les commentaires à travers lesquels apparaissaient d'ordinaire les premiers penseurs hellènes. Or voilà que ces sages de la légende, ces métaphysiciens d'un autre âge, nous étaient présentés comme des hommes en chair et en os, semblables à nous-mêmes, pensant et raisonnant comme nous, préoccupés par les mêmes soucis, placés devant le même univers, et s'essayant déjà eux-mêmes à comprendre avec les seules ressources de leur raison les phénomènes dont le spectacle les frappait. Ce n'étaient plus des métaphysiciens inaccessibles, c'étaient des savants très inexpérimentés, très naïfs, et par là même d'autant plus audacieux. Leurs travaux constituaient en quelque sorte les premiers tâtonnements de l'esprit humain, cherchant en dehors des dogmes religieux une explication naturelle des choses. Non seulement alors leurs conceptions et leurs formules cessent de présenter aucun caractère mystérieux, mais même en dépit du progrès qui s'est depuis réalisé, et malgré ce que leur pensée pouvait avoir d'aventureux et de vague, nous reconnaissons souvent dans ces conceptions et ces formules quelques-unes des tendances essentielles de notre science moderne elle-même. En somme, au lieu de logogriphes indéchiffrables, Tannery nous montrait chez ces premiers philosophes grecs, quelle que fût leur inhabileté à le manier, le langage même que nous parlons encore, et que nous parlerons sans doute toujours.

Et déjà de cette manière d'étudier les physiologues ioniens ou italiques, quel enseignement philosophique s'offrait à nous ! Beaucoup de nos contemporains veulent que la science date du XIXe siècle, sous prétexte qu'aujourd'hui seulement nous savons mesurer, observer, expérimenter. De leur point de vue, quel mépris il faudrait avoir pour ces premiers tâtonnements de la pensée en quête déjà de conceptions théoriques ! Et voilà que Tannery nous montrait à travers les formules d'Anaximandre, de Pythagore, d'Empédocle, des tendances qui se retrouvent chez nous à 24 siècles de distance. Comme nous, ces premiers chercheurs indépendants étaient déjà mécanistes ou dynamistes, finitistes ou infinitistes, partisans de l'unité ou de la pluralité de substances, du continu et du plein ou du discontinu et des atomes, de la cause antécédente ou de la cause finale. La science a pu depuis entasser des résultats sans nombre ; elle n'a pas touché à certaines formes essentielles par lesquelles ils s'expriment : il y a là comme des cadres, des catégories, qui fournissent les moules où toujours s'ordonnent et se classent les faits et les lois.

Ce n'est pas tout : en dehors de ces tendances, de ces courants, de ces cadres formels, où semblent se mouvoir les théories successives, n'y a-t-il pas aussi des principes dont l'énoncé peut varier selon les temps, pour s'adapter à la marche progressive de la science, mais qui ont peut-être un fond immuable, par lequel ils pourraient bien simplement rattacher la vérité scientifique aux exigences de notre pensée, ou par lequel se trouve peut-être exprimée, en ce qu'elle a de fondamental, la définition même de la science. Tel est ce principe qui postule la constance, la permanence de quelque chose à travers la variabilité des phénomènes, et veut que, dans tout changement, persiste quelque chose de ce qui était d'abord, de telle façon que jusqu'à un certain point et en quelque mesure, les faits actuels équivalent aux faits antérieurs. C'est là en somme sans doute le principe de causalité, ou plus généralement le principe de raison, le principe d'explication scientifique. Tannery nous le montre prenant une forme concrète chez les premiers Ioniens, qui proclament que rien ne naît de rien, et veulent retrouver dans un élément unique l'origine et la source de tout ce qui remplit l'univers. Il nous le montre prenant déjà une forme plus savante et plus abstraite chez les pythagoriciens et chez les éléates, dont l'un proclame la constance du Cosmos, comme Lucrèce parlera de la constance de la somme des choses, en attendant que, par une évolution naturelle, le même principe aboutisse avec Descartes à la constance de la quantité de mouvement, avec Leibniz à celle de la force vive, à celle de la masse avec Lavoisier, et à celle de l'énergie avec nos contemporains. Et ainsi s'éclaire d'un jour inattendu, en ses premiers balbutiements, la pensée de ce monde hellène d'avant Socrate.

D'ailleurs les monographies une fois réunies en volume, les études éparses n'en formaient plus qu'une, et le livre de Tannery donnait la surprise d'une suite, d'un développement, d'un progrès régulier, dans les productions des milésiens, puis des éléates, puis des physiciens du ve siècle. Nous retrouvions de la cohérence et de l'unité là où n'apparaissaient, semble-t-il, que formules isolées et dispersées comme étaient isolées et dispersées dans le bassin de la Méditerranée les colonies de Milet, d'Ephèse, de Samos, d'Elée, d'Agrigente, d'Abdère. Et nous avions désormais l'impression d'une œuvre collective, d'un effort vigoureux et continu, aboutissant avant Platon et Aristote à la fondation même de la science rationnelle. Qu'il le voulût ou non, Tannery nous donnait par là une grande leçon sur les conditions où peut le mieux naître et se développer la pensée scientifique. Si celle-ci était uniquement le reflet des faits qui s'observent, se notent et se classent, par quel miracle aurait-elle pris naissance chez des hommes disséminés aux limites extrêmes du monde grec, en l'absence de toute organisation et de tout foyer de concentration ? Comment la science théorique aurait-elle été fondée par les penseurs d'Ionie, de Thrace et d'Italie, si la condition essentielle de vitalité n'était pour elle avant tout l'ardente curiosité de l'esprit, sa libre activité, et peut-être même son audace, précisément les qualités qui avaient manqué aux sociétés si fortement organisées d'Orient et d'Egypte ?

Car il se joignait ici une leçon d histoire du plus haut intérêt. C'est une question depuis longtemps fort débattue que celle de savoir jusqu'où s'étaient élevées les vieilles civilisations dans la confection des sciences spéculatives. Depuis le milieu du XVIIIe siècle, quelques esprits sages commençaient à se défier des légendes traditionnelles qui représentaient les peuples anciens comme ayant porté au plus haut degré la culture des sciences. Cela n'empêchait pas Bailly — le Bailly de la Révolution — d'avoir un énorme succès avec son hypothèse d'un peuple perdu qui aurait inventé jadis toutes les sciences et les aurait poussées infiniment au delà des limites atteintes dans les temps modernes. Les travaux de déchiffrement des inscriptions et des papyrus en Assyrie, en Chaldée et en Egypte, sont venus apporter sur ce problème des informations fort édifiantes, — mais non décisives ; et il est permis de dire en tous cas que nous devons aux études de Tannery de pouvoir plus clairement enfin formuler des conclusions positives. Pour celle même des sciences à propos desquelles la tradition semblait le plus inattaquable, pour l'astronomie, et plus particulièrement à propos du fameux problème des éclipses, qui, on le savait, avait passionné les Chaldéens, Tannery nous expliquait comment les instruments les plus primitifs et des règles fort simples qui se dégageaient tout naturellement d'innombrables observations permettaient de prédire approximativement le retour d'une éclipse de soleil ou de lune ; et il nous montrait Thalès rapportant d'Egypte la connaissance du Saros, c'est-à-dire de la période de 223 lunaisons après lesquelles la série des éclipses se reproduit à peu près semblable, — sans que l'on se doutât seulement avant Anaxagore de l'opacité de la lune. Nous sentions le caractère empirique et peu rigoureux de l'astronomie des Orientaux, et suivions chez les Grecs les progrès de la sphérique, c'est-à-dire de la science géométrique qu'était devenue pour eux l'étude du ciel. En géométrie, Tannery nous faisait comprendre ce qu'avait pu être l'art pratique des Egyptiens, qui portait le même nom. Ses arguments semblaient si décisifs que le lecteur était incité à dépasser ses conclusions et à refuser de croire à aucune tentative de démonstration logique en géométrie avant les Grecs. Et cette leçon d'histoire ne nous intéressait pas seulement par sa clarté et par la persuasion qu'elle savait entraîner ; elle jetait aussi le plus grand jour sur la pensée hellène, en nous montrant ce qu'il y a eu de vraiment créateur et d'original dans l'œuvre des Grecs, — en même temps que sur leur attachement aux spéculations théoriques et désintéressées par lesquelles leur âme se plaisait à saisir l'ordre harmonieux de la nature. Les civilisations anciennes avaient accumulé les faits, les règles empiriques, les formules pratiques : eux les premiers, ils avaient voulu comprendre, les premiers ils avaient cherché une explication rationnelle des choses.

Voilà, — abstraction faite des conclusions qu'il apportait sur une quantité innombrable de problèmes spéciaux, — voilà ce que contenait ou suggérait le livre sur la *Science hellène*.

L'année même où il paraissait, Tannery publiait un autre volume sous ce titre : *la Géométrie grecque, — comment son histoire nous est parvenue, ce que nous en savons.* C'était une série de travaux qui avaient été successivement insérés dans le *Bulletin des Sciences mathématiques,* et qui reprenaient sur quelques points, en les complétant, des mémoires parus dans le *Bulletin de la Société de physique et de Sciences naturelles de Bordeaux.* A bien des égards, ce livre était comme un complément du précédent. On y retrouvait les mêmes qualités de pensée et d'ingéniosité. Il s'y ajoutait, plus accentué du moins que dans l'ouvrage sur la *Science hellène,* un autre mérite. Tannery avait déjà montré dans cet ouvrage l'aisance avec laquelle il maniait la langue grecque ; il nous offrait par exemple, à la fin des divers chapitres, la première traduction française que nous eussions encore des fragments des principaux penseurs antérieurs à Socrate. Mais la critique des textes, si réelle qu'elle fût, semblait parfois laisser place à la hardiesse de ses vues, à l'ingéniosité de ses interprétations, à l'envolée de sa pensée, ou encore à une méthode, dont on a trop médit, et qui consiste à accorder quelque valeur à son jugement d'homme et de savant, quand il apporte quelque clarté, à côté des opinions diverses des innombrables commentateurs anciens et modernes. Les études sur la géométrie grecque montrent davantage le philologue (que devait s'attacher plus tard l'Académie des Inscriptions et Belles-Lettres) appliqué à un problème spécial d'histoire, et presque exclusivement préoccupé de la nature et de la valeur des sources. Le problème était celui-ci : En somme, le commentaire de Proclus sur Euclide est la principale source pour l'histoire de la géométrie des Grecs. Or Proclus n'a eu certainement sous les yeux aucun ouvrage antérieur à Euclide, cela est admis par tout le monde, et même pas l'histoire géométrique d'Eudème (Tannery l'avait démontré dans un mémoire qu'avaient inséré les *Annales de la Faculté des Lettres de Bordeaux*). Où donc Proclus a-t-il puisé ses informations ? Quand il cite un auteur de l'importance d'Eudème, quel est le livre dont il se sert ? Et puis, s'il est des auteurs qu'il cite de première main, quels sont-ils ?

Telles sont les questions auxquelles répond Tannery, donnant l'exemple d'une belle perspicacité et d'une méthode critique très rigoureuse. Lisez les premiers chapitres où se trouve résolu le problème, et vous constaterez l'intérêt très vivant avec lequel, malgré l'aridité du sujet, on suit l'auteur dans sa démonstration jusqu'à ce qu'il nous amène à conclure avec lui :

1° Que les fragments si précieux d'Eudème, que nous a conservés Proclus, lui viennent en partie de Geminus, en partie de Porphyre et de Pappus ;

2° Que Speusippe et Menechme sont cités à travers Geminus.

Ce n'est pas tout. Geminus devenant le principal intermédiaire entre Proclus et les auteurs originaux, il convient de se demander quel est cet homme, ce qu'il vaut, à quelle époque il vivait, quel pouvait être le grand ouvrage de lui que Proclus avait sous les yeux, — toutes questions auxquelles Tannery donne une réponse, tantôt ferme et décisive, tantôt prudente et réservée. Et il faut voir dans le livre lui-même la richesse et la variété des arguments. Ici c'est une locution qui par sa seule forme est significative ; là c'est un renseignement astronomique, une simple remarque sur la coïncidence d'une fête égyptienne et d'un solstice, qui conduit à des conséquences importantes pour la date d'un livre. Ce travail achevé, et la valeur des informations de Proclus une fois fixée, Tannery réalise ce véritable tour de force de reconstituer sur son témoignage l'histoire de la géométrie grecque de Pythagore à Euclide ; et il parvient à nous montrer le grand édifice des Éléments se construisant pièce à pièce dans cet intervalle de trois siècles.

Plus difficiles à analyser sont les *Recherches sur l'Astronomie ancienne*, qui parurent en 1893. Remontant aux essais les plus primitifs faits par les Grecs dans l'étude du ciel, l'auteur met en évidence leur caractère utilitaire et pratique ; ils se résument en somme à distribuer ou à partager les astres, et leur ensemble s'appelle astronomie (de νέμω, je partage). Avec Eudoxe de Cnide, nous voyons commencer une deuxième période où, sous le nom d'astrologie (de λόγος, cette fois) l'étude du ciel prend un caractère rationnel, et enfin la troisième phase, qui commence avec l'école d'Alexandrie, est celle, de beaucoup la plus importante des astronomes mathématiciens. On conçoit d'ordinaire Hipparque comme ayant créé de toutes pièces l'œuvre que Ptolémée n'avait plus qu'à perfectionner : l'idée originale et nouvelle qui se dégage du livre de Tannery, c'est qu'en réalité la plupart des difficultés géométriques que supposent résolues les constructions d'Hipparque et de Ptolémée sont le fait des géomètres antérieurs, tout particulièrement d'Apollonius de Perge, qui semble même avoir déjà fait l'étude des épicycles et des excentriques. L'œuvre d'Hipparque cesserait ainsi d'être monstrueuse, se rattachant par un lien continu aux efforts d'une série de prédécesseurs ; et quant à celle de Ptolémée, elle ne réaliserait sur celle-là que des progrès secondaires. Ce n'est point ici le lieu de discuter ces conclusions, qui peut-être, en ce qui concerne Hipparque, ont été exagérées. Il faut bien renoncer aussi, à propos de ce livre, comme à propos des précédents, à entrer dans le détail des mille problèmes que soulève Tannery, dans les conceptions originales où il nous entraîne, dans les méthodes à la fois philologiques, géométriques, astronomiques, par lesquelles il jette la lumière dans les questions les plus délicates.

Ces trois ouvrages se complètent et forment un ensemble du plus haut intérêt. Le maniement n'en est pas toujours commode, précisément à cause de l'abondance de considérations de toutes sortes qui risquent parfois de faire perdre le fil des idées ; mais du moins, quand on a su goûter le charme de cette lecture, on a un peu la sensation qu'on va puiser, pour l'histoire de la pensée grecque, et plus particulièrement de la pensée scientifique, aux sources les plus cachées. Qu'il soit parfois nécessaire de se défier de cette impression, parmi tant de conceptions hardies, dans le remaniement audacieux de tant d'opinions toutes faites, il n'y a pas lieu de s'en étonner, et Tannery eût avoué le premier que beaucoup de ses affirmations n'avaient sans doute rien de définitif.

Ces livres d'ailleurs ne sont qu'une partie de son œuvre. D'abord, sur la pensée grecque elle-même, il a semé des idées intéressantes et fécondes dans une quantité innombrable d'articles, qu'ont publiés la Société des Sciences physiques et naturelles de Bordeaux, la *Revue philosophique*, la *Revue des Etudes grecques*, l' *Archiv für Geschichte der Philosophie*, etc... Peut-être, dans le nombre, convient-il de signaler d'une façon spéciale l'étude sur l'*Education platonicienne* (*Revue philos.*, X, XI, XII), où, s'aidant du texte même des dialogues, Tannery en tire les plus précieuses informations pour l'histoire des sciences, en même temps qu'il essaie de reconstituer les programmes de mathématiques que suivaient dans les écoles, au degré élémentaire et au degré supérieur, les jeunes contemporains de Platon.

D'autre part, son effort ne s'est pas exclusivement appliqué à l'antiquité grecque. Il est peu de moments, dans l'histoire de la pensée scientifique, auxquels il ne se soit intéressé, et sur lesquels il n'ait laissé des indications importantes. Je citerai au hasard ses traductions, avec commentaire, de quelques manuscrits grecs de l'ère chrétienne ; son édition classique des œuvres de Diophante ; son travail sur une correspondance d'écolâtres du XIe siècle, fait en collaboration avec M. l'abbé Clerval, qui jette un jour si curieux sur la pauvreté des connaissances géométriques au XIe siècle et sur les tâtonnements naïfs et inexpérimentés de l'esprit humain dans une voie où, quelques siècles plus tôt, il était allé si loin ; son mémoire sur le *Traité du Quadrant* de maître Robert Anglicus de Montpellier, où il nous donne le texte latin original du XIIIe siècle, ainsi qu'une ancienne traduction en langue grecque, exemple curieux et assez rare de traduction byzantine d'une œuvre purement scientifique provenant de l'occident latin ; son étude sur Libri et les manuscrits de Fermat, faite à l'occasion de la publication des œuvres du géomètre toulousain, dont il était chargé officiellement dès 1882 ; la publication de lettres inédites de Descartes, provenant du fonds Libri ; son travail sur la fameuse querelle qu'avaient suscitée entre Pascal et le père Lalouvère les problèmes sur la Cycloïde : il y résolvait lui-même le problème autrement difficile, comme il le dit lui-même, « de rester impartial entre Pascal et un Jésuite » ; les innombrables monographies publiées dans la *Grande Encyclopédie* ; les chapitres si substantiels et si clairs, même pour le grand public, où, dans l'*Histoire générale* de MM. Lavisse et Rambaud, il donne un résumé du progrès des sciences aux diverses époques ; enfin et surtout je citerai le monument considérable qu'est la nouvelle édition des œuvres de Descartes, — monument qui, hélas ! devra s'achever sans lui. Il faut avoir jeté les yeux sur ces beaux volumes des œuvres de Descartes, et avoir parcouru surtout la correspondance, pour sentir tout le prix des notes de Tannery. Il n'est pas une allusion à quelque problème scientifique qui ne soit soulignée et expliquée : une note solidement documentée donne aussitôt toutes les les informations bibliographiques capables de faire la lumière, et indique en particulier les autres passages des lettres de Descartes ou de ses correspondants qui s'y rapportent... Et je ne parle pas du travail du philologue et de l'archiviste qui reconnaît les manuscrits, les classe, en discute la provenance et la date, travail fait sans doute en collaboration avec M. Adam, mais où l'on retrouve sans peine le zèle et la compétence de Tannery.

Pendant qu'il donne ainsi le meilleur de son intelligence à des œuvres de critique et d'histoire, reste-t-il en dehors du mouvement scientifique de son temps ? — Non certes, et, bien qu'il ne publie pas de mémoires originaux, on sent à travers tous ses écrits une connaissance approfondie des sciences mathématiques et physiques. Ce qui fait en partie son originalité, c'est précisément qu'il s'attache à montrer la pensée scientifique dans son évolution historique, sans jamais perdre de vue le terme objectif où elle devait aboutir, éclairant les concepts primitifs et les tendances du passé à la lumière de la science moderne, et réciproquement rendant celle-ci plus intelligible et plus humaine par son rattachement lointain aux plus anciennes démarches de l'esprit. J'avouerai, par exemple, que, pour ma part, c'est en lisant jadis les écrits de Tannery sur les premiers ioniens, que j'ai été amené à réfléchir pour la première fois sur la notion d'entropie, — qu'étudient avec tant de curiosité les physiciens de notre temps. Il est juste de dire que ces remarques s'appliquent surtout aux études sur l'antiquité grecque : les autres se présentent plus éparses, plus disséminées, plus isolées chacune du reste du développement de la science. Tannery se proposait de réunir ces éléments en une vaste synthèse, qui se serait appelée *Histoire générale des sciences*, et il y travaillait au moment même où la mort est venue le frapper.

Telle qu'elle est, son œuvre lui assure le respect et la reconnaissance du monde savant. Elle a franchi, dès les premiers travaux, les bornes de notre pays et s'est imposée aux historiens de la sience et de la philosophie ancienne. Le savant auteur des *Vorlesungen*, Moritz Cantor, Gina et Vailati en Italie, Zeuthen à Copenhague, y ont puisé des matériaux utiles. Et à tous ceux qu'intéresse la pensée philosophique, dans son essence et dans son développement, elle apporte des documents, des idées, des idées surtout, les plus suggestives et les plus précieuses.

Et enfin cette œuvre ne saurait laisser indifférents ceux que préoccupe l'organisation de nos études et de notre enseignement : ne vient-elle pas nous aider en effet à nous garer, en France, contre la superstition des vieux cadres traditionnels ? Voilà des travaux du plus haut intérêt et qui, par « le mélange des genres » qu'ils réalisent, comme eût dit Aristote, sont de telle nature qu'il serait interdit de les faire connaître dans aucune université française, si sans le dire, de peur de faire encore crier, nous ne nous moquions parfois de ce qu'il y a d'enfantin dans la couleur de notre robe et dans l'étiquette de notre Faculté. Certes nous ne sommes plus au temps où Pasteur n'aurait pu être admis à enseigner dans une Faculté de médecine, sous prétexte qu'il était chimiste ; mais tout de même des œuvres comme celle de Tannery, où l'on sent si étroitement et si naturellement unis des ordres d'idées que nos vieux préjugés voudraient encore séparer impitoyablement, sont excellentes par la contradiction même qu'elles apportent à nos barrières artificielles.

Je n'ai parlé que des écrits de Tannery. De bonne heure ils m'avaient donné le vif désir de connaître l'homme. J'allai le voir un jour pour la première fois il y a une vingtaine d'années, à Paris, dans les bureaux d'une manufacture de tabacs où il était ingénieur ; car cet homme, qui a tant produit, n'a jamais cessé de poursuivre en même temps sa carrière d'ingénieur des Tabacs. Je le revois, me recevant en camarade, sans rien de solennel ni dans le geste ni dans le ton. Il me conta simplement comment, après sa sortie de l'École polytechnique, le désir de lire Euclide et Apollonius dans le texte l'avait conduit à aimer et à cultiver le grec, et du même coup la pensée grecque.

Je l'ai revu depuis plusieurs fois, notamment en 1900, aux congrès internationaux de philosophie et d'histoire comparée. Il présidait, au congrès d'histoire comparée, la section d'histoire des sciences. Présider n'est pas assez dire : outre qu'il avait porté presque à lui seul le poids du travail d'organisation, c'était son autorité et sa compétence spéciale sur toutes les questions soulevées qui donnaient leur principal intérêt aux discussions. Et ce n'était pas seulement l'historien des sciences qui nous faisait profiter de son érudition ; c'était aussi le philosophe qui nous faisait réfléchir. Je me le rappelle, — après la lecture de plusieurs mémoires où il était particulièrement question de la répugnance extrême d'Auguste Comte à comprendre et à apprécier la valeur des idées et des théories nouvelles, — rendant hommage au chef du positivisme et aux services jadis rendus par lui à la pensée philosophique, puis, dans une conversation plus intime, me déclarant que de toutes les influences qui s'étaient exercées sur lui, celle de Comte avait été la plus forte, et qu'en particulier son goût si vif pour l'histoire des sciences lui avait été donné par la lecture du *Cours de philosophie positive*.

Tout en notant ce souvenir, qui peut éclairer les origines intellectuelles de l'œuvre de Tannery, je ne peux m'empêcher de me demander, même après avoir lu son étude posthume sur Auguste Comte que publiait naguère la *Revue générale des sciences*, s'il sentait à quel point ses propres tendances l'éloignaient du positivisme de Comte. Sans doute celui-ci avait dû servir d'excitant à sa pensée, et il est assez naturel d'admettre qu'il l'ait poussé vers l'étude de l'histoire et de la philosophie des sciences. Mais, une fois engagé dans cette voie, n'est-on pas frappé de la distance où il s'est bien vite trouvé des dogmes fondamentaux du positivisme? D'une part, la loi des trois états qui exige, pour la formation de l'esprit positif, que certaines étapes soient franchies, devait forcément amener Comte à réduire à rien ou à presque rien la science des Grecs. Il faut voir, dans le *Cours de philosophie positive*, quelle part exiguë il lui fait ; quel dédain il professe pour ces commencements de pensée scientifique qui n'ont pu, d'après lui, se préciser, se développer et finalement donner naissance à la science moderne que grâce à l'unité intellectuelle et à l'organisation politique et sociale réalisées par le moyen âge catholique. Il faut voir chez ceux qui se réclament officiellement de sa philosophie — je ne dis même pas de sa religion — le mépris souverain pour toute spéculation scientifique qui, par sa date, serait antérieure à l'éclosion de l'âge positif, c'est-à-dire antérieure au XVIIe siècle, ou même, pour quelques-uns, au XIXe. Et Tannery aurait pu trouver là une des raisons de l'opposition qui lui fut faite, quand il posa sa candidature à la chaire Laffitte. D'autre part, si Comte avait pu lire le livre consacré à « la Science hellène » ; s'il avait vu décorées du nom de science les spéculations des premiers penseurs grecs sur l'astronomie ou sur la physique générale de l'univers, s'il avait connu ce rapprochement si curieux et si instructif que présente Tannery, de la pensée ancienne et de la pensée moderne dans leurs efforts pour énoncer quelque théorie ou quelque principe fondamental de la science, on devine avec quelle énergie il eût désavoué un pareil disciple... Pour résumer d'un mot mon impression, je dirai pour ma part que la lecture de Paul Tannery est certainement une de celles qui ont le plus contribué à me mettre en défiance contre la philosophie scientifique de Comte.

Permettez-moi, puisque décidément cette leçon a pris d'elle-même un caractère particulièrement intime, de rappeler, à propos des congrès de 1900, un dernier détail. Tannery m'avait fait l'honneur de m'admettre un soir à sa table, en même temps que quelques savants, parmi lesquels les grands historiens des mathématiques, Cantor et Zeuthen. Entre le professeur allemand et le professeur danois avait éclaté quelques années auparavant une fâcheuse querelle ; des froissements personnels s'étaient produits, des propos désobligeants avaient été échangés dans les revues : comme il était intéressant de les voir rapprochés et réconciliés par leur égale estime pour le savant français !

Je l'ai vu pour la dernière fois, il y a un peu plus de deux ans, au moment où se préparait l'élection du Collège de France, à laquelle j'ai déjà fait allusion. Tannery avait fait jadis à la Sorbonne un cours libre sur l'histoire de l'arithmétique ; puis il avait suppléé Lévêque, pendant quelques années, dans sa chaire de philosophie ancienne, au Collège de France. Ses leçons, si originales qu'elles pussent être, n'avaient pas eu le même succès que ses livres. Mais il se réservait pour un autre enseignement qui, par son objet même, se serait certainement adapté à toutes les qualités de son esprit, je veux parler de la chaire d'Histoire générale des Sciences que le Parlement avait créée en 1892 et dont le premier titulaire venait de mourir. Au Collège de France, M. Berthelot lui-même tint à honneur de présenter ses titres, et Tannery fut désigné en première ligne. Un mois plus tard, l'Académie des Sciences, à l'unanimité, ratifiait ce choix. Il ne manquait plus que la signature du ministre, ce qui, en pareil cas, au moins dans une démocratie soucieuse des intérêts de la science, semblait ne devoir être qu'une simple formalité, et Tannery, qui ne songeait plus qu'à ses nouvelles fonctions, travaillait à sa leçon d'ouverture, quand l'*Officiel* annonça... qu'un autre était nommé. Il n'a survécu qu'un an à cet événement douloureux. Aujourd'hui, comme hier, c'est encore son nom qui évoque le mieux et le plus justement, devant le monde savant tout entier, la part de notre pays dans les travaux d'histoire des sciences.

Revue des Idées, janvier 1906.

LA PENSÉE MATHÉMATIQUE. — SON ROLE DANS L'HISTOIRE DES IDÉES [1].

Je voudrais entreprendre une série d'études sur la pensée mathématique et tout particulièrement sur son rôle dans l'histoire des idées. J'ai à peine besoin de dire que je ne commence pas un cours de géométrie ou d'analyse, et que je ne me propose pas non plus de vous faire assister au développement continu des connaissances mathématiques depuis les premiers géomètres grecs jusqu'à nos jours. Mon intention est de m'attacher à certains caractères essentiels de la pensée mathématique, et surtout de chercher quel a été son retentissement sur les conceptions, sur les doctrines des philosophes, ou même sur les tendances les plus générales de l'esprit humain.

Que ce retentissement ait été considérable, comment en douter quand l'histoire nous montre si souvent unies dans le même esprit les spéculations mathématiques et la réflexion philosophique; quand si souvent, depuis les pythagoriciens jusqu'à des penseurs tels que Descartes, Leibniz, Kant, Renouvier, pour ne parler que des morts, quelques-unes au moins des doctrines fondamentales sont appuyées sur l'idée qu'on se fait de la mathématique ; quand de tous côtés et à toutes les

1. Leçon d'ouverture d'un cours professé à Montpellier en 1908-1909, publiée par la *Rev. philos.* d'avril 1909.

époques, nous voyons germer non pas seulement des vues critiques, mais même des systèmes portant sur les problèmes les plus difficilement accessibles de la métaphysique, et témoignant surtout, par les justifications qu'en offrent leurs auteurs, d'une sorte de vertige né du maniement ou simplement du contact des spéculations des géomètres ? L'excitation qu'y trouve l'esprit du penseur, loin d'être un accident dans l'histoire des idées, nous apparaît comme un fait continu et presque universel. Il y a là pour nous un premier mystère à éclaircir.

Pourquoi donc la mathématique a-t-elle eu un tel rôle ? Quel est donc ce charme qui a séduit tant d'intelligences ? Quelle est cette attraction qui s'est exercée sur tant de philosophes et leur a donné le sentiment qu'étudiée de près, dans son mécanisme, dans sa formation, elle projetterait sa lumière sur les problèmes les plus passionnants qui se posent à l'homme? Serait-ce simplement que la difficulté même de son étude en fait le privilège d'un petit nombre de savants, que la langue des mathématiques est inaccessible au commun des mortels, et qu'une illusion se produit alors sur le sens profond et mystérieux de ses symboles ?... Non, car le vertige qu'elle produit n'atteint que ceux qui la connaissent. Le charme tiendrait-il à la clarté, à la rigueur de ses démonstrations, qui font invinciblement la lumière dans l'esprit ? Sans doute il y a de cela, mais je crois volontiers qu'il y a quelque chose de plus ; la raison la plus profonde de l'attraction qu'elle exerce me semble être que l'intelligence humaine y procède par anticipation, par création, et qu'en même temps elle réussit à étendre sa connaissance. La mathématique intéresse et passionne les philosophes parce que, consciemment ou non, tout le monde sent qu'elle réalise ce miracle d'assurer le plus clair de son succès moins encore par une soumission docile à la réalité qui s'offre à nous que par la spontanéité des élans de notre esprit, par la richesse et la puissance de son activité créatrice. Le miracle même est tel qu'il rencontre nécessairement des sceptiques, et qu'il convient de s'y arrêter un instant.

Faisons toutes les concessions possibles à ceux qui sont disposés à le nier. Acceptons, si l'on veut, toutes les suggestions de l'expérience, à la base des sciences mathématiques, dans les notions de nombre, de grandeur, de quantité, d'espace, de mouvement, de ligne, de surface, de volume, de variation de vitesse, d'accroissement infinitésimal, de limite, etc. (sans même nous demander s'il n'y aurait pas au moins une part de vérité dans les théories criticistes, et si dans ces notions premières il n'entrerait pas des exigences formelles de l'esprit humain) ; acceptons aussi toutes les sollicitations qui, au cours du développement de l'analyse, de la géométrie, de la mécanique, viennent sans cesse des difficultés toujours nouvelles des problèmes que pose la nature ; ne nous faisons pas illusion, comme on nous le demandera sans doute, sur le travail d'élaboration que tout naturellement notre esprit fait subir aux données de l'expérience, quand il généralise ou abstrait de manière à dresser un tableau d'images permanentes et de mots qui servent à les désigner, mais sans qu'en somme il puisse être question de création spéciale : il reste incontestable que ni ces données ni ces opérations courantes ne suffisent à fournir les éléments véritables que manie le géomètre. Ceux-ci, loin d'être des résidus de l'expérience, sont formés par un effort incessant d'éliminer de l'image tout ce qui conserve quelque qualité concrète et sensible. Une transformation continue éloigne le mathématicien des conditions qu'enferme toute vue intuitive et lui permet ainsi de donner naissance à des êtres de raison que son intelligence domine et à l'aide desquels elle forge des chaînes indéfinies de propositions qui s'impliquent rigoureusement les unes les autres. Enfin, en dehors même de toute incitation extérieure manifeste, par une sorte d'entraînement naturel de la pensée, les problèmes se posent, les définitions s'appellent les unes les autres ; des généralisations d'un genre tout spécial étendent à chaque instant le domaine de validité d'une notion et agrandissent d'autant le champ qui s'offre aux constructions rationnelles ; si bien qu'en présence d'un traité d'analyse ou même de géométrie, on reste confondu par la richesse et la variété de tout un monde de conceptions qui semble sortir par le pouvoir magique de l'esprit de quelques données initiales, acceptées une fois pour toutes. Dira-t-on qu'il y a là une illusion et que toutes les créations nouvelles traduisent en réalité des emprunts à l'expérience ou à une sorte d'intuition sensible qui y supplée ? C'est possible, mais, outre qu'il ne saurait être alors question que de suggestions, outre que l'intuition sensible reste inséparable du pouvoir d'affiner et de combiner de toutes les manières les éléments qu'elle fournit ; outre que l'expérience doit prendre souvent un sens spécial qui lui ôte tout caractère extérieur, comme lorsqu'elle se réduit à la constatation de la forme d'une expression algébrique ; n'est-il pas évident encore que l'apport d'une définition nouvelle n'est pas indispensable à l'enrichissement de la mathématique, et que tels longs chapitres de géométrie ou d'analyse, où s'entassent théorèmes sur théorèmes, constructions sur constructions, offrent l'exemple de développements manifestement illimités, sans qu'aucune notion nouvelle ait à s'ajouter à celles que l'on avait acceptées d'abord ? Dira-t-on que le géomètre ne fait alors que tirer des données initiales tout ce qu'elles contenaient implicitement ? Ce ne saurait être là qu'une manière de parler : qui ne sent toute l'activité, toute l'ingéniosité, toute la puissance de création nécessaire pour faire sortir des idées premières tout ce qui y était caché, ou plus exactement, n'est-ce pas, pour réaliser sur elles, prises comme bases, les plus riches constructions ?

Je sais bien qu'il est une autre manière au moins en apparence d'échapper à l'anticipation, à l'élan de l'esprit vers la connaissance : c'est de nier que la mathématique soit une science, au sens propre du mot ; c'est de déclarer qu'elle n'implique aucune connaissance, et de n'y voir qu'une forme de la pensée, une sorte de « logique naturelle » sans contenu objectif. C'est déjà le mot même dont se sert Auguste Comte pour la partie abstraite des mathématiques, pour ce que nous appelons l'analyse, — qu'il considère comme une méthode générale de raisonnement applicable à certains ordres d'idées. Et c'est à plus forte raison la tendance de quelques-uns de nos contemporains qui, réduisant même en poussière les données proprement quantitatives ou spatiales, les données initiales qui nous semblaient indispensables au moins comme fondement des constructions, font sortir logiquement à nos yeux toute l'arithmétique, et l'analyse entière, puis la géométrie et la mécanique, d'un tout petit nombre de notions à coup sûr irréductibles, mais appartenant à la logique naturelle de l'esprit et n'impliquant aucune matière mathématique spéciale. Pour ceux-là, la mathématique n'est qu'une partie de la logique, qui se caractérise uniquement par la forme de ses propositions. Sans entrer ici dans le détail d'une critique que je réserve pour le cours de mes leçons, remarquons d'abord que, s'ils ont raison, les savants dont je parle rendent mieux hommage que qui que ce soit au caractère spontané et original de la formation de la mathématique par l'esprit ; qu'on les qualifie de logiques au lieu d'arithmétiques, ou algébriques, ou géométriques, les affirmations du mathématicien apparaissent plus nettement encore comme des anticipations de la pensée ; et on croira difficilement que, pour rester pures de tout contenu objectif et se réduire à des suites de propositions formelles, cette pensée se meuve dans le vide : on accordera au moins qu'elle progresse régulièrement, indéfiniment et qu'il se crée par elle une sorte d'outil intellectuel de plus en plus riche et complexe. Mais je ne crois pas, pour ma part, que les efforts des logisticiens parviennent vraiment à supprimer tout contenu objectif à la mathématique pure ; et c'est sans doute ce qu'ils accorderaient eux-mêmes. Leurs constructions, dont l'intérêt est incontestable, ne viennent qu'après coup. Si elles ont laissé vraiment échapper toute la matière qui faisait l'objet propre de la connaissance mathématique, elles sont à cette connaissance elle-même ce qu'est à une statue, par exemple, le voile qui en dessinerait les contours. Il peut n'y avoir pas un seul détail de l'œuvre du sculpteur auquel ne corresponde quelque indication du voile extérieur, personne n'identifiera celui-ci à celle-là, personne ne croira que l'une se résout en l'autre ; il est trop clair que le mouvement des lignes dans le voile, loin d'être la raison des caractères variés de l'œuvre qu'il recouvre, se trouve au contraire dirigé et déterminé par eux. De même, les suites logiques et purement formelles que l'on peut construire parallèlement au processus de la mathématique ne nous feront pas perdre de vue tout ce que celle-ci contenait d'abord d'objectif et de vivant, et si nous constatons qu'elle se fait, en partie au moins, par l'élan spontané de la pensée, nous ne nierons pas que cet élan, cette anticipation, contribuent à une véritable connaissance.

Or, — et j'en viens ainsi au second point sur lequel j'ai appelé l'attention, — si théorique que paraisse cette connaissance, et souvent si éloignée qu'elle semble de tout substratum concret, il arrive toujours un moment où elle s'applique à l'étude du monde physique. De ce fait aussi certain que frappant, l'histoire des mathématiques offre d'innombrables exemples. Voyez d'abord l'œuvre des Grecs, dont une si faible partie s'utilisait de leur temps dans les sciences de la nature. Quelle richesse d'imagination dans les questions toujours nouvelles que posait le géomètre, — porté sans cesse au delà du travail déjà accompli par le besoin de généraliser et de varier à l'infini les conditions des problèmes. Tantôt ce sont des formes géométriques nouvelles dont il puise les éléments dans une intuition féconde, tantôt ce sont des relations quantitatives de plus en plus complexes qu'il se plaît à étudier sur les grandeurs spatiales. Songez, par exemple, à l'ingéniosité qui conduisit de bonne heure les pythagoriciens à poser le fameux problème de la « parabole des aires ». Il s'agissait de trouver le côté d'un rectangle et plus généralement d'un parallélogramme, qui, appliqué le long d'une droite donnée devait être équivalent à une surface donnée, ou devait en différer — par excès ou par défaut — de l'aire d'un parallélogramme semblable à un parallélogramme donné. Au fond, le mathématicien était conduit par là aux relations quantitatives que nous exprimons par l'équation générale du second degré.

A en juger par les commentaires qui nous ont été conservés sur l'histoire de la mathématique ancienne, l'étude de pareilles constructions qui aboutissaient, dirions-nous aujourd'hui, à résoudre l'équation du second degré, cette étude s'est présentée d'elle-même à la spéculation désintéressée des géomètres bien avant que se rencontrât la première application à un problème encore théorique lui-même, mais moins abstrait, à savoir à la détermination des sections planes d'un cône. Lorsqu'on voulut, après l'étude du cercle, passer à celle des courbes que fournit l'intersection d'un cône par un plan, on s'aperçut bientôt que, par rapport à certaines lignes,. la variété des solutions correspondait précisément à la variété des cas envisagés dans le problème de la parabole des aires, si bien que les sections prirent le nom de parabole simple, ou d'hyperbole, ou d'ellipse. La question abstraite sur laquelle, par une généralisation toute naturelle, s'était portée un jour l'attention des géomètres, se trouvait ensuite donner la solution d'un problème relativement concret et permettait l'étude des sections coniques. Avec quelle complaisance se poursuivait dès lors cette étude chez les Grecs, les livres d'Apollonius nous en donnent une idée suffisante. Est-il besoin d'observer qu'elle se continuait en dehors de toute préoccupation d'ordre pratique, de tout souci d'application qui ferait sortir le géomètre de son monde idéal ? Or, vous le savez, deux mille ans plus tard, c'étaient les lois de Képler, et par conséquent l'astronomie moderne et toute la mécanique céleste qui devaient se fonder sur la connaissance des coniques qu'avaient élaborée les anciens ; au point que Condorcet a pu dire ce mot, rendu fameux par Auguste Comte : « Le matelot, qu'une exacte observation de la longitude préserve du naufrage, doit la vie à une théorie conçue deux mille ans auparavant par des hommes de génie qui avaient en vue de simples spéculations géométriques. »

Depuis ces temps reculés jusqu'à nos jours, l'heureuse chance des spéculations mathématiques se poursuit. Les géomètres ont certes fait des progrès inimaginables dans l'abstraction ; les éléments qu'ils définissent sans cesse les éloignent de plus en plus non seulement du monde matériel, mais de tout substratum concret ; ce sont de moins en moins des choses, et de plus en plus des relations, des fonctions, des ensembles, des groupements, ou même des modes de groupements ; s'il subsiste dans le langage des mots dont la signification soit en apparence concrète, comme espace, points, lignes, plans, ce n'est plus que par une illusion ancienne ; car l'espace est à *n* dimensions, les points, les lignes, les plans sont imaginaires ou réels, à l'infini aussi bien qu'à distance finie ; les fonctions sont ou non exprimables à l'aide d'un nombre fini de symboles ; elles sont continues ou discontinues et peuvent échapper à toute image, à toute représentation... Et pourtant, si haut que les géomètres se sentent portés par leurs rêveries au-dessus de toute réalité sensible, tous les symboles qu'ils créent et qui semblent spontanément et naturellement s'appeler les uns les autres par un besoin de leur esprit, trouvent ou trouveront l'occasion de s'appliquer, — d'abord, sans doute, comme la parabole des aires, à des questions théoriques encore, par exemple à quelque transformation utile de certaines expressions analytiques, puis par là tôt ou tard à la solution de quelque difficulté de mécanique, de physique ou d'astronomie.

Voilà donc les deux caractères contradictoires qui constituent le miracle apparent de la pensée mathématique : spontanéité de l'élan de l'esprit qui, étranger à toute préoccupation pratique, s'envole toujours plus haut dans son rêve d'abstractions, — et progrès incessant de la connaissance du monde physique par l'utilisation tôt ou tard possible des symboles ainsi créés. Nous aurons l'occasion d'étudier les solutions diverses que de Pythagore à Kant les philosophes ont voulu donner de la difficulté, — entraînés par là jusqu'au cœur de la philosophie de la connaissance. Car le miracle n'est autre assurément que celui même de l'intelligence humaine et de la raison. Si, sous les suggestions de l'expérience, les élans de l'esprit semblent arbitraires, ce n'est là qu'une illusion. On sent, à étudier de près l'histoire de la mathématique, la force et l'objectivité du courant qu'elle suit, l'éclosion de chaque idée nouvelle arrivant en son temps, le plus souvent de plusieurs côtés à la fois, et la continuité du développement ne cessant pas d'être manifeste. Ce qui d'ailleurs ne revient pas à affirmer la nécessité absolue des constructions mathématiques. L'idée d'une pareille nécessité me semble être la chimère qui a pesé d'un poids trop lourd sur toute notre philosophie et notre science. La raison de l'homme est assez riche et dispose de ressources assez variées pour qu'il reste quelque contingence dans son œuvre, qui, pour être normale et humaine, n'exclut pas certaine liberté. Mais mon intention n'est pas d'insister aujourd'hui sur ce problème lui-même ; aussi bien, c'est surtout de l'histoire que j'entreprends de faire avec vous. Après avoir noté les caractères apparents les plus manifestes de la pensée mathématique, je voudrais me borner à vous montrer l'un des effets les plus généraux qu'elle a pu avoir au cours des siècles par la confiance qu'elle donnait à l'homme dans ses propres ressources, dans son énergie, dans le libre exercice de sa raison. Comte, dans ses derniers ouvrages, aimait à dire que la mathématique donne à notre esprit une grande leçon de soumission et d'humilité par la nécessité qu'elle lui fait sentir de s'incliner devant un ordre qui s'impose à lui : je ne crois pas que tel ait été son rôle dans l'histoire.

Si haut que nous remontions dans l'histoire des sociétés, nous trouvons des préoccupations de calcul et de mesure se traduisant tôt ou tard par des règles pratiques d'arithmétique ou de géométrie. Mais la pensée mathématique elle-même, sous sa forme théorique, spéculative, rationnelle, n'apparaît que vers la fin du VIIe siècle avant Jésus-Christ, sur les confins de l'Ionie. Elle exigeait pour naître certaines conditions qui se trouvaient réalisées dans l'esprit grec, en particulier des qualités d'initiative, un besoin de comprendre et d'expliquer que ne satisfaisait aucune tradition, un attachement passionné aux notions clairement définies, aux vérités logiquement démontrées. Mais inversement quelle foi dans la raison allait naître et grandir chez les Grecs par la seule création de leur géométrie, par la lumineuse clarté qu'elle substituait à l'empirisme des Orientaux. Le triangle de côtés 3, 4, 5 a un angle droit, disaient par exemple les Egyptiens, les Indous, les Chinois. C'est là un fait merveilleux, que leur avait enseigné une longue expérience et qui facilitait les constructions des architectes. A cette question : pourquoi en est-il ainsi ? ils auraient répondu sans doute que c'était la volonté des dieux ou du destin.

Les Grecs n'acceptent pas cette soumission à la contrainte du fait extérieur ; ils veulent le comprendre et réussissent à en donner une explication intelligible qui satisfait leur raison. Même si le fait en lui-même n'était pas transformé et généralisé par eux, même s'il restait identique à celui qu'ont connu les peuples d'Orient et d'Egypte, — en l'expliquant ils le dominent au lieu de s'y asservir ; leur raison se libère en faisant jaillir de son propre fonds, pour ainsi dire, à la place de la règle extérieure, une vérité lumineuse de clarté. Je vous ai dit autrefois à quel point toute la philosophie grecque s'est ressentie, dans ses audaces métaphysiques et dans ses conceptions générales sur l'univers, de ce triomphe de sa géométrie. Ce n'est pas qu'elle n'ait connu, avec ceux qu'on a nommés les sophistes et les sceptiques, les hésitations et les doutes de la pensée critique, mais celle-ci, que provoquaient les excès du dogmatisme, n'était-elle pas encore la raison se jugeant et se contrôlant elle-même ? Au surplus, ce sont là des faits sur lesquels j'ai tant insisté jadis, que je crois inutile d'y revenir aujourd'hui. J'aime mieux laisser là l'antiquité grecque et en venir tout droit aux temps modernes.

C'est une idée courante que la formation de l'esprit moderne, l'avènement de la liberté de penser, la foi dans la raison humaine, la libération de tous les jougs qui arrêtaient ou qui alourdissaient les élans de l'esprit en quête de science et de vérité, sont liés à la naissance de la méthode expérimentale elle-même. L'idée est juste si l'on se fait de cette méthode expérimentale une conception assez large pour y reconnaître toute la part de l'activité de l'intelligence humaine, et notamment tout le rôle qu'ont joué les créations des mathématiciens dans l'édification de notre science contemporaine. Mais l'on se trompe si l'on veut dire, comme il arrive si souvent, et comme le fait entendre l'école positiviste, que le progrès définitif a été dû à la résolution si tardive des savants d'observer enfin la nature, d'ouvrir les yeux sur les réalités qui nous entourent. Le désir d'observer les faits, on l'oublie trop aisément, est la chose du monde la plus ancienne. Voyez tout ce que supposent d'efforts, pour noter et enregistrer les phénomènes naturels, tous les arts pratiques qu'ont poussés à un si haut degré de perfection les peuples de l'Orient et de l'Egypte. Il n'est même pas permis de dire qu'ils n'apportaient pas dans leurs observations le souci de la précision et de la mesure ; les ingénieurs, les architectes, les fabricants de produits chimiques, les ouvriers si habiles dans l'art de travailler les métaux, les porcelaines ; ceux qui savaient si bien embaumer les morts, ou teindre les étoffes... tous n'appliquaient-ils pas sans cesse des règles précises qu'avait suggérées une longue et patiente expérience ? Et pendant le moyen âge oublie-t-on les innombrables observations, pour citer l'exemple le plus frappant, de ceux que nous nommons les alchimistes, et qui n'étaient d'ailleurs que les continuateurs des alchimistes anciens ?... Comme jadis pendant des siècles les peuples d'Orient, le monde occidental, au moyen âge, a mis à jour une quantité énorme de faits de toute espèce qui ont pu contribuer à l'édification de la science moderne le jour où, avec Copernic, Képler, Galilée, Descartes, Fermat, Huyghens, Pascal, Newton, quelque chose de plus est apparu, quelque chose qui ne venait pas du dehors, — le jour où, comme sous l'action d'une étincelle qui jaillissait tout à coup, les spéculations sur l'univers reprirent la direction que leur avaient jadis imprimée les Grecs.

Mais il est facile d'apporter ici quelque précision et de noter la part qui revient en particulier à la pensée mathématique dans le grand mouvement d'idées qu'a été la Renaissance. C'est au nom de la mathématique et de l'interprétation si simple qu'elle donnait de toutes les trajectoires des corps du système solaire que parlait Copernic, quand il proposait avec une hardiesse sereine, de donner le mouvement au centre, ou comme disaient les anciens, au foyer du monde. C'est la géométrie des Grecs et l'étude des sections coniques qu'invoquait Képler pour énoncer, après les observations de Tycho-Brahé. les fameuses lois du mouvement des planètes. Galilée apportait tous ses soins à disposer une expérience et à tenir compte de toutes ses observations ; en particulier, tout ce qu'il découvrait au ciel à l'aide de sa lunette venait ajouter des arguments à la thèse de Copernic ; mais il prétendait lui-même être avant tout un mathématicien. Il comparait les mathématiques à des « ailes sans lesquelles il est impossible de s'élever à un pied au-dessus de terre ». « Qu'ils se taisent, disait-il, ceux qui s'imaginent qu'on peut arriver en philosophie sans le secours divin des mathématiques. Peut-on nier qu'elles seules peuvent nous apprendre à distinguer le vrai du faux, que seules elles peuvent éveiller notre esprit et lui faire comprendre tout ce que les hommes sont capables de savoir véritablement. » Il reproche à Gilbert de n'avoir pas été assez versé dans les mathématiques. « La pratique de la géométrie, dit-il, l'aurait fait hésiter davantage à donner comme des démonstrations concluantes les raisonnements par lesquels il essaie d'expliquer les véritables causes des faits qu'il a observés. » « La force des démonstrations nécessaires comme le sont les seules démonstrations mathématiques, est à la fois merveilleuse et ravissante... » Ces citations, que je trouve réunies dans l'exposé si curieux qu'a fait Thurot de l'histoire du principe d'Archimède (*Revue archéologique*, 1869, t. XVIII, XIX et XX) montrent à quel point Galilée a senti l'action de la pensée mathématique. En quoi d'ailleurs il était tout à fait d'accord avec ses adversaires. Lorsque, en 1614, l'un des premiers et des plus acharnés, le dominicain Caccini, voulut entreprendre sa campagne contre lui, il prononça à Florence un sermon retentissant qui, prenant pour point de départ ce texte : *viri galilaei quid statis aspicientes in cœlum*, établissait que la mathématique est un art diabolique, et que les mathématiciens, comme auteurs de toutes les hérésies, devaient être bannis des pays chrétiens. (Cf. Biot, *la Vérité sur le procès de Galilée*, Variétés, t. III.) Faut-il rappeler que Torricelli, Descartes, Pascal, qui tous entament sur quelque point l'autorité des anciens, se sont mis d'abord à l'école de la géométrie grecque, que renouvellent et continuent avec éclat en même temps qu'eux les Viète, les Fermat, les Roberval, les Desargues et toute l'école des géomètres français du XVIIe siècle.

Si nous nous tournons du côté des penseurs qui ne sont pas signalés eux-mêmes par des travaux significatifs, mais ont contribué à rénover l'esprit humain, ne trouvons-nous pas chez la plupart un appel incessant à l'étude de la mathématique ? Il ne faut pas qu'à cet égard l'exemple de Bacon nous fasse illusion ; en réalité, je vois deux hommes en lui : d'abord le donneur de conseils, qui se défie de tout élan de la pensée ; celui-là veut sans doute nous mettre en garde contre la séduction des mathématiques, mais c'est le même qui est assez réactionnaire pour interdire aux savants de se prononcer sur le mouvement de la terre, et reste encore, malgré tout, assez imprégné de métaphysique aristotélicienne pour ajouter que l'homme ne pourrait avoir là-dessus quelque opinion que s'il connaissait la nature de la rotation circulaire. Mais il y a en outre chez Bacon le savant qui s'attaque directement, soit dans son laboratoire, soit dans ses écrits, à un certain nombre de problèmes. Celui-là ressemble étrangement, dans sa manière d'étudier la dilatation des corps, de dresser des tables de densités, de postuler la constance de la matière, de demander que rien ne se perde, etc., à tous les physiciens modernes; et, dans l'examen des phénomènes généraux de l'univers, il a une telle tendance à expliquer tout par des mouvements et à se faire ainsi une conception du monde toute prête à s'adapter aux formes quantitatives, qu'il est beaucoup plus près qu'on ne pourrait croire du mécanisme mathématique de Galilée et de Descartes. — Ramus lutte toute sa vie contre l'asservissement de la pensée et, pour livrer en mourant sa dernière bataille, il fonde par testament une chaire de mathématique au Collège de France. — Jordano Bruno appelle la mathématique au secours de ses théories, tout particulièrement dans ses considérations sur l'infini. — En général d'ailleurs, la chute de Constantinople a refoulé vers l'Occident les écrits platoniciens, et ce n'est pas un des plus faibles courants auxquels succombe l'autorité d'Aristote que le retour à une philosophie tout imprégnée de mathématisme. Contre cette autorité, en effet, la mathématique n'agissait pas seulement par la confiance en soi et la hardiesse qu'elle donnait à l'esprit, mais encore par le contraste qu'elle offrait avec le caractère concret, naturaliste et qualitatif de la philosophie péripatéticienne.

Bref, sans être complet dans ce rapide aperçu, on peut dire qu'en réalité la pensée mathématique a beaucoup contribué à émanciper la science et la philosophie. L'observation patiente et critique des faits, l'observation des phénomènes physiques, celle des organismes vivants, celle des sociétés humaines, celle des témoignages anciens, la critique des textes, la critique historique, sont venues à leur tour peu à peu mûrir et enhardir la pensée philosophique et scientifique de l'homme, mais elles ne sont venues que plus tard. A la Renaissance, comme autrefois chez les Grecs, il fallait d'abord, semble-t-il, tout le charme et l'heureux succès de la spéculation des géomètres pour inciter la raison à voler de ses propres ailes.

Peut-être essaiera-t-on d'alléguer, avec Comte, une loi de l'évolution de l'esprit qui le condamnait à ne créer d'abord la science positive que pour les phénomènes les plus simples et les plus généraux, ceux justement qui font l'objet de la mathématique ? Mais Comte lui-même a hésité à ne voir dans celle-ci qu'une science de faits extérieurs, puisqu'il n'a pu échapper au besoin d'en détacher au moins une partie abstraite, qui joue à ses yeux le rôle d'une logique naturelle ; et ce n'est que par excès de systématisation que l'objet tout intellectuel ainsi séparé a pu ensuite prendre place au premier rang d'une liste comprenant les choses de plus en plus compliquées que nous offre la nature. Il est même aisé de deviner que, si Comte donne droit de cité dans la science positive aux spéculations des mathématiciens, c'est qu'il vit en un temps où leur efficacité est surabondamment démontrée, au moins par les travaux des physiciens et des astronomes, et c'est aussi que son éducation s'est faite surtout de ces spéculations. J'ai montré ailleurs quelle a été sa défiance à l'égard des créations nouvelles, et tout le monde sait avec quelle exigence de plus en plus étroite, à mesure que son système s'est précisé, il a voulu restreindre le champ des recherches de géométrie et d'analyse, et combattre avec « l'orgueil » des géomètres le goût des spéculations mathématiques dont il n'apercevait pas les applications concrètes.

Si le mathématicien que fut Comte a pu, malgré tout, montrer ainsi sa défiance à l'égard de ce que la pensée mathématique risque de contenir de trop mental, de trop intellectuel, d'insuffisamment positif, comment ne sentirions-nous pas mieux encore la distance qui sépare ses élans spontanés et désintéressés de la connaissance positive, si l'on entend par là celle qui doit procéder uniquement par observation des faits et énonciation des lois qui s'en dégagent ? Et c'est pourquoi nous aurions bien des réserves à faire sur l'explication simpliste qui nous était proposée... Au surplus, n'ai-je pas par avance réfuté cette explication, quand j'ai rappelé l'apparition tardive de la pensée mathématique soit chez les Grecs, — après des siècles et des siècles d'observations sans nombre, accompagnées de règles ou de lois qu'utilisaient, dans tous les arts, les vieilles civilisations d'Orient, et qui avaient bien constitué au sens propre une science positive, — soit chez les modernes après tout l'effort des alchimistes ? Il ne faut donc pas dire : la constitution des mathématiques devait chronologiquement précéder toute autre connaissance positive ; mais bien : l'apparition de la mathématique rationnelle, en donnant à l'homme le goût de la libre recherche, en lui donnant le sentiment qu'il peut prétendre à expliquer et à comprendre par les ressources de sa raison, a désormais transformé les conditions dans lesquelles il observait et dégageait les lois...

On se demandera peut-être si cette transformation n'aurait pu s'accomplir autrement ; si l'obstination à ouvrir les yeux sur le monde n'aurait pu finir aussi par émanciper l'esprit... Que pouvait peser l'autorité de la tradition le jour où les faits apparaîtraient différents de ce qu'elle enseignait ? On disait et on répétait, d'après les anciens, que les corps tombent plus ou moins vite, selon qu'ils sont plus ou moins lourds : ne suffirait-il pas un jour que l'expérience montrât manifestement le contraire ? — La question n'est pas aussi simple qu'elle paraît. — L'observation exacte, impartiale, des faits est la chose du monde la plus difficile, et qui demande le plus de maturité d'esprit, le plus d'indépendance de jugement. Il semble aisé de n'avoir qu'à ouvrir les yeux pour noter ce qui se passe devant nous. En réalité, nous ne voyons vraiment que si déjà nous sommes assez maîtres de nous pour ne pas projeter au dehors mille désirs et mille préjugés. L'expérience à laquelle je faisais allusion a été refaite par les commentateurs d'Aristote, tous revoient ce qu'a vu le maitre. Une fois, à propos de la pesée d'une vessie d'abord pleine d'air, puis dégonflée, Simplicius se permet de trouver un résultat différent de celui d'Aristote : bien vite, il ajoute qu'il a dû se tromper. Avec quelle facilité nous demandons aux constatations de l'expérience, sous toutes ses formes, ce que nous voulons y trouver ! Les progrès de la science et de la réflexion ont depuis cent cinquante ans aiguisé notre sens critique au point que, même en dehors des sciences physiques, même là où nous n'avons pour nous aider aucun instrument de précision, comme dans l'étude des textes, des langues, des mœurs, des institutions, le nombre de ceux qui s'efforcent de voir et de juger en véritables savants va sans cesse en croissant dans tous les pays civilisés. Mais quelle éducation antérieure suppose ce sens critique affiné, quelle culture rationnelle, quelle libération du poids lourd de tout un passé de superstitions et de préjugés ! Comme il était plus simple et plus aisé à l'esprit humain de s'essayer à la liberté en s'élançant dans les rêveries abstraites de la mathématique ; comme il devait se sentir là à l'abri de toute autorité extérieure ; comme il lui était naturel de puiser dans le succès de ses efforts, dans la lumineuse clarté de ses créations et dans leur fécondité, le courage et la force de commencer la poursuite désormais incessante de l'œuvre de la raison !

Tant il est vrai que, dans tous les domaines et toujours, le progrès de l'esprit dépend moins des circonstances extérieures qui s'offrent à lui, que de sa valeur interne, c'est-à-dire en particulier de la force morale, de l'énergie avec lesquelles il a appris à se tendre vers la vérité.

LES ORIGINES DES SCIENCES MATHÉMATIQUES DANS LES CIVILISATIONS ORIENTALES ET ÉGYPTIENNE : L'APPORT DE L'ORIENT DANS LA SCIENCE GRECQUE [1].

Nous savons que les Grecs d'Asie ont été amenés, par leur situation géographique, à entretenir des relations de très bonne heure avec la plupart des peuples orientaux, et surtout, vers le VIIe siècle avant J.-C., avec les Égyptiens. Ces relations expliquent comment ce peuple, relativement jeune, a pu hériter d'un coup des connaissances accumulées depuis des milliers d'années par d'antiques civilisations. Quelle est la valeur des connaissances scientifiques que l'Orient dut ainsi transmettre à la Grèce ? Quelle est la part de l'Orient dans la science grecque ?

C'est là un des problèmes les plus graves et les plus controversés de l'histoire des sciences. Au siècle dernier, la tendance, avec les Encyclopédistes, est d'attribuer aux anciens peuples d'Orient, en même temps qu'une antiquité prodigieuse, des sciences fort avancées. Montucla est le premier, je crois, qui ait essayé, à peu près en même temps que Brucker faisait la même tentative pour la philosophie, de réduire à de justes

1. Je reproduis ici, à très peu près telles que je les avais présentées il y a dix-huit ans, deux de mes « Leçons sur les Origines de la Science grecque », dont le recueil est épuisé depuis longtemps. Je les fais suivre seulement d'un chapitre complémentaire indiquant — du moins en ce qui concerne les mathématiques pures — ce que nous ont appris sur la question quelques travaux récents

proportions la science orientale [1]. Mais il est probable que Montucla, dont le ton est celui du savant sincère, ennemi d'une thèse quelconque *a priori*, par crainte d'altérer la vérité scientifique, il est probable, dis-je, que Montucla n'aura pu déterminer à cet égard un nouveau courant d'opinion. Peu de temps après la publication de son *Histoire des mathématiques* paraissaient les ouvrages de Bailly, dont le but principal était de présenter et de défendre énergiquement une hypothèse curieuse. Suivant lui, les connaissances des Égyptiens, des Chaldéens, des Hindous, des Chinois, ne sauraient constituer de véritables sciences ; mais d'autre part, on y trouverait, confondus au milieu d'une gangue grossière, des éléments tout à fait merveilleux, qui empêcheraient de considérer la science des Orientaux comme une science naissante : on serait donc obligé d'y reconnaître, non pas les premiers éléments, mais les débris, au contraire, d'une science antique, sans doute créée par un peuple disparu. Les Chinois, les Hindous, les Égyptiens, n'auraient pas

1. « Quelque grande idée que certains auteurs aient conçue du « savoir géométrique des Égyptiens, je suis porté à croire qu'il ne « fut pas considérable, et qu'ils ne passèrent guère les bornes des « vérités élémentaires les plus communes. Les travaux et les pre- « mières découvertes des philosophes grecs me paraissent en four- « nir des preuves. En effet, si les transports de joie, que Thalès « et Pythagore firent éclater à la vue de quelques théorèmes géo- « métriques qu'ils venaient de découvrir, ne furent point affectés, « nous ne devons pas concevoir une idée très relevée du savoir des « prêtres égyptiens, ou bien il faut dire qu'ils ne leur révélaient « que les connaissances les plus élémentaires dont ils étaient en « possession ; ce qui me paraît difficile à croire. Mais en l'adoptant « même, nous pouvons juger de la faiblesse du corps des sciences « qu'ils cachaient, par la faiblesse des éléments qu'ils dévoilaient. « Ils auraient été bien plus étendus, si leur savoir dans ce genre « répondait à l'imagination de leurs panégyristes. » (*Histoire des mathématiques*, t. I, liv. II, p. 52.)

fait preuve de l'originalité que l'on pense ; en cela son opinion ne diffère pas de celle de Montucla. Mais ils auraient reçu du peuple disparu des débris épars d'une même science qui, dans leurs mains, sont à peine connaissables. Cette hypothèse de Bailly rajeunissait en partie la légende de l'Atlantide, cette fameuse île qui, dit Platon, était aussi grande que l'Asie et l'Afrique, dont les habitants atteignirent un haut degré de civilisation, et qui disparut un jour brusquement sous les flots [1].

1. C'est dans le *Timée* et le *Critias* que Platon a soulevé cette fameuse question de l'Atlantide. Dans le *Timée*, d'abord, Critias, rapportant, sur la foi de son aïeul, un récit fait jadis à Solon par les prêtres égyptiens, dit : « Les livres nous apprennent quelle « puissante armée Athènes a détruite, armée qui, venue à travers « la mer Atlantique, envahissait insolemment l'Europe et l'Asie ; « car cette mer était alors navigable et il y avait au-devant du dé- « troit, que vous appelez les *colonnes* d'Hercule, une île plus « grande que la Lybie et l'Asie... Dans cette île Atlantide ré- « gnaient des rois d'une grande et merveilleuse puissance .. Toute « cette masse se réunit contre votre pays. C'est alors qu'éclatèrent « au grand jour la vertu et le courage d'Athènes. Elle rendit à une « entière indépendance tous ceux qui, comme nous, demeurent en « deça des colonnes d'Hercule. Dans la suite, de grands tremble- « ments de terre et des inondations engloutirent en un seul jour et « en une nuit fatale tout ce qu'il y avait chez vous de guerriers ; « l'Atlantide disparut sous la mer ; aussi depuis ce temps la mer « est-elle devenue inaccessible et a-t-elle cessé d'être navigable par les « quantités de limon que l'île abîmée a laissées à sa place. » (24, 25.) — D'autre part, dans le *Critias*, on lit : « Nous avons déjà dit que, « quand les dieux se partagèrent le monde, chacun d'eux eut pour « sa part une contrée... L'Atlantide étant échue à Neptune, il « plaça dans une île des enfants qu'il avait eus d'une mortelle... « Le premier roi de cet empire fut appelé Atlas... La postérité « d'Atlas se perpétua toujours vénérée... Les descendants avaient « amassé plus de richesse qu'aucune royale dynastie n'en a pos- « sédé ou n'en possédera jamais ; enfin ils avaient en abondance « dans le pays tout ce qu'ils pouvaient désirer... L'île produisait « elle-même presque tout ce qui est nécessaire à la vie... elle pro- « duisait et entretenait tous les parfums que la terre porte aujour- « d'hui dans diverses contrées... Tels sont les divers et admirables

Les idées de Bailly eurent une très grande vogue. Tous ceux qui ont écrit sur ces questions, à la fin du siècle dernier et au commencement de celui-ci, ne manquent pas d'y faire allusion. On comprend cepen-

« trésors que produisait en quantité innombrable cette île qui « florissait alors quelque part sous le soleil. » (113-115.) Suit l'indication des travaux grandioses qu'exécutèrent les habitants de l'île, achevant de la transformer ainsi en un pays tout à fait merveilleux. Enfin la constitution politique répondait à l'idéal que Platon décrit dans la *République*.

Cette question de l'Atlantide, que Platon livrait ainsi aux méditations des commentateurs de tous les temps, comprend plusieurs problèmes distincts. D'abord naturellement le fait historique ou légendaire de la disparition d'une île, puis la position géographique de cette île, les phénomènes géologiques qui auraient amené le bouleversement, enfin le caractère spécial de la civilisation qui aurait ainsi disparu. Ces divers problèmes, auxquels des allusions plus ou moins vagues étaient faites, sur la foi de Platon, par quelques écrivains de l'antiquité et du moyen âge, reprirent tout à coup un intérêt puissant lors de la découverte de l'Amérique. A partir de ce moment, quantité de mémoires ne cessent de paraître, proposant chacun quelque explication nouvelle. Il faut voir dans la dissertation sur l'Atlantide de M. Th. Martin (*Timée*, t. Ier, p. 257) le nombre prodigieux de systèmes que cette question a fait éclore dans le cerveau des savants. « Bailly a su prêter un vif intérêt aux « discussions sur l'Atlantide en combinant avec esprit les opinions « de ses prédécesseurs... Il a emprunté à de Paw la supposition « d'un grand peuple primitif qui aurait autrefois occupé le plateau « central de l'Asie. Rudbeck lui a inspiré la supposition d'après « laquelle ce peuple lui-même serait venu d'une contrée plus sep- « tentrionale, qui ne serait autre que l'Atlantide de Platon. Buffon « lui a fourni l'hypothèse du feu central et du refroidissement de « la terre, nécessaire pour justifier l hypothèse précédente. L'abbé « Bannier lui a prêté sa manière commode de transformer la fable « en histoire. Enfin, il doit à Baër beaucoup d'erreurs de détails « et de contresens utiles ». Bailly a exposé les traits essentiels de son système dans son *Histoire de l'astronomie ancienne*. Ses *Lettres sur l'Atlantide* précisent la situation géographique de l'île et les voyages à travers l'Asie de ses anciens habitants. C'est enfin dans ses *Lettres sur l'origine des sciences* que, discutant par le détail tous les éléments des connaissances que les livres anciens attribuent aux peuples asiatiques, il conclut à la nécessité du peuple primitif de qui ils les auraient reçues.

dant qu'elles ne pouvaient plaire qu'à demi, soit aux partisans de l'originalité e tdu mérite personnel des Orientaux, soit à tous ceux qui se refusaient à rien voir de merveilleux dans leurs connaissances. Delambre, vers 1820, publia son *Histoire de l'astronomie ancienne*, et chercha à détruire définitivement les illusions qu'avait pu laisser Bailly. Il y réussit si bien, que, depuis la publication de son travail, on peut dire que l'hypothèse de Bailly n'a plus qu'un intérêt de curiosité. De son côté, pour ce qui touche à l'astronomie, c'est-à-dire dans l'ordre d'idées où l'on était accoutumé à donner aux anciens peuples de l'Orient le plus d'originalité, Delambre s'applique à montrer que leurs connaissances sont tout à fait rudimentaires et peuvent aisément s'expliquer, sans qu'ils aient eu à se servir d'autre instrument d'observation que du *gnomon* (tige verticale, dont on observe l'ombre) et de la *clepsydre* ou horloge à eau.

Nous voici arrivés, avec Delambre, à un moment capital. Le déchiffrement des écritures hiéroglyphique et hiératique, en Égypte, et de l'écriture cunéiforme, en Asie occidentale, va nous permettre, semble-t-il, de lire, soit sur les monuments, soit dans les tombeaux de l'Égypte, la réponse à toutes les questions touchant l'histoire ancienne de l'Orient. Hélas ! aucune merveille n'a ainsi été révélée dans le domaine de la science. Je reviendrai tout à l'heure sur les quelques découvertes qui nous intéressent. Pour le moment, sachez qu'elles n'ont nullement empêché les deux courants contraires d'opinion de se poursuivre jusqu'à nous. Du reste, si le déchiffrement des inscriptions et la lecture des papyrus égyptiens étaient bien capables de refroidir l'enthousiasme le plus ardent pour la science orientale, d'un autre côté, l'idée de l'évolution, pénétrant de plus en plus dans tous les domaines intellectuels, continuait à plaider en faveur de cette science. Les évolutionistes (et nous le sommes tous instinctivement, non pas seulement depuis Darwin et Lamarck, mais de toute antiquité), les évolutionistes, dis-je, étaient peu disposés à voir la science se constituer brusquement sur le sol hellène. Bref, si d'un côté Letronne s'applique à réduire la science orientale et surtout la science égyptienne à des proportions fort modestes, Biot, d'un autre côté, exalte la science chinoise. Le savant allemand Rœth soutient que la géométrie est véritablement née en Égypte, l'arithmétique dans l'Inde, et que le génie de Pythagore réalisa leur fusion pour créer ce qui devait être la mathématique grecque. Hankel, dans son *Histoire des mathématiques*, montre de même les Asiatiques créant et développant les sciences abstraites. Ed. Zeller, l'historien de la philosophie des Grecs, s'efforce de prouver, dans son introduction, que cette philosophie est vraiment d'origine grecque; mais en revanche, il ne montre aucun doute sur l'origine égyptienne de leur géométrie et de leur astronomie. Enfin, Messieurs, depuis une douzaine d'années, c'est décidément un nouveau courant qui l'emporte, sous diverses influences dont les principales sont d'une part la traduction, par Eisenlohr, du papyrus de Rhind, dont je vous parlerai tout à l'heure, et, d'autre part, les travaux de M. Cantor et de P. Tannery. Les exagérations auxquelles inconsciemment on s'est laissé entraîner par le zèle évolutioniste ont eu le temps de s'atténuer. Une critique impartiale des seuls faits, dont l'appréciation importe à ce grave problème d'origines, nous ramène définitivement à l'opinion de Montucla. Les peuples d'Orient ont connu de toutes les sciences ce qu'on pourrait appeler les fondements matériels, mais ils ne semblent pas avoir fait preuve de méditation scientifique désintéressée, provoquée par le seul désir de connaître la vérité. La science pour elle-même, la science pure et désintéressée, semble bien vraiment d'origine grecque. Voilà ce que je me propose de vous montrer.

Ce que j'ai de mieux à faire pour cela, c'est d'abord de vous résumer ce que nous savons des connaissances scientifiques de l'Orient. Mais il me serait impossible de remplir cette tâche en une seule leçon : je me bornerai donc aujourd'hui à l'arithmétique et à la géométrie.

Chez tous les peuples asiatiques et chez les Égyptiens, aussi loin que les témoignages historiques nous permettent de remonter, nous retrouvons les traces d'un système de numération parlé et écrit, — ce qui n'a pas lieu de surprendre beaucoup. Il semble impossible qu'un peuple parvienne à l'état de société organisée, si la langue ne comprend pas les signes qui désignent les nombres. Les échanges commerciaux, la transmission et le partage de la propriété, toutes les relations de la vie économique exigent un langage spécial pour les idées de quantité et de mesure. Et remarquez que ce ne sont pas seulement les nombres entiers, mais aussi les fractions dont l'usage s'impose. Car lorsqu'il s'agit d'étoffes ou d'étendue de terrain, ou de tout objet plus ou moins large, plus ou moins long, il est impossible de ne pas faire intervenir, pour en donner la mesure, les nombres fractionnaires. Les inscriptions hiéroglyphiques et cunéiformes les plus anciennes nous offrent en effet une notation spéciale pour les nombres et les fractions. Les fractions utilisées sont ordinairement des inverses de nombres entiers, elles ont pour numérateur 1, si vous aimez mieux.

Leur notation se ramène donc à celle des nombres entiers, sauf qu'un signe spécial indique qu'il s'agit des inverses.

Un premier point curieux pour l'histoire des sciences, c'est qu'il existe partout, pour la représentation des nombres entiers, un système décimal. A ce propos, Aristote fait remarquer que, parmi les anciens, seul, un peuple de Thrace a adopté le nombre 4 pour base de sa numération. C'est là une affirmation trop vague pour qu'on s'y arrête. Il est certain qu'en Asie ou en Amérique on trouve encore aujourd'hui des peuplades sauvages, qui n'ont pas l'idée de nombres tant soit peu élevés. Si quelque voyageur voulait, en les interrogeant, chercher la base de leur système de numération, vous devinez à quelles conclusions étranges il risquerait de se laisser entraîner. — Montucla cite une autre exception : les anciens Chinois. Évidemment, l'assertion de Montucla s'explique par une erreur du père Bouvet, qui avait cru trouver dans les livres chinois deux symboles pour représenter les nombres. Le père Bouvet connaissait Leibniz, avec qui il était en correspondance, et Leibniz s'est particulièrement occupé du système binaire, c'est-à-dire de ce système de numération où, avec l'unité et le zéro, on peut représenter n'importe quel nombre. Probablement cette influence ne fut pas étrangère à l'opinion du père Bouvet, que les livres chinois contenaient vraiment les caractères du système binaire, le 1 et le zéro [1]. C'est une erreur dont on est revenu depuis. Les Chinois n'ont pas fait exception.

Tous les peuples civilisés dont le souvenir nous est conservé par des documents positifs ont usé du système décimal ; c'est là un des arguments de Bailly en

1. Voir Hœfer, *Histoire des mathématiques*, p. 47.

faveur de ce peuple perdu, qui aurait transmis à tous les autres des lambeaux de sa science. Vous sentez pourtant combien peu cette hypothèse était nécessaire pour expliquer un pareil fait. Ou bien, comme on l'a dit si souvent depuis Aristote, les hommes ont pu compter d'abord avec leurs doigts, et être ainsi conduits partout à compter par dizaines. Ou bien, le système décimal, une fois formé dans un des centres de civilisation asiatique, se sera communiqué aux autres. Il est aisé de prévoir, par exemple, qu'un jour notre système métrique aura pénétré partout : pourquoi ne pas admettre que quelque chose d'analogue se soit passé, il y a trois ou quatre mille ans, pour la numération, et plus généralement pour toutes les analogies que nous rencontrerons dans la science des Orientaux ? Cela suppose seulement des communications à des époques très reculées entre Chaldéens, Assyriens, Hindous, Chinois, Égyptiens. J'ai déjà fait allusion, dans notre dernier entretien, à l'existence des communications dans des temps extrêmement éloignés. Nous avons vu le gouvernement égyptien, par exemple, au xve siècle avant J.-C., correspondre couramment avec ses fonctionnaires de l'autre côté de la mer Rouge. En dehors de la politique, les relations commerciales facilitaient ces communications. Nous imaginons sans peine, deux et peut-être trois mille ans av. J.-C., Babylone, par exemple, attirant par l'importance de son marché, les marchands nomades de l'Égypte, de la Syrie, de la Bactriane, de l'Inde, et même de la Chine, qui y apportaient les productions spéciales de leurs pays.

Vous pourriez avoir quelques doutes sur les rapports de la Chine et de la Chaldée. — Je tiens à vous citer quelques exemples que j'emprunte à M. Cantor, et qui me semblent démontrer l'existence de ces rapports dans des temps très lointains. Les Babyloniens partageaient le jour en 60 parties égales. Hérodote dit, il est vrai, qu'ils le partageaient en 12, mais cela n'est pas incompatible, et prouve simplement que les 12 heures civiles étaient divisées chacune en 5 parties égales par les astronomes. Du reste, ce nombre 60 n'a rien qui nous surprenne en Chaldée ; — je vous donnerai dans un instant la preuve que les Chaldéens ont utilisé, à côté de leur système décimal, une numération sexagésimale. Eh bien, les Chinois ont également divisé le jour en 60 parties. Les calendriers védiques de l'Inde antique le partageaient en 30 *muhurta* dont chacune valait 2 *nadika*, ce qui fait encore 60 parties égales. Il est difficile d'expliquer la coïncidence par des raisons naturelles. Mais il y a plus : on retrouve, dans les plus vieux livres indiens et chinois, l'indication du plus long jour. Le calendrier védique donne pour l'Inde $\frac{18}{30}$, c'est-à-dire en heures et minutes, $14^h\ 24^m$: les livres chinois donnent la même valeur $14^h\ 24^m$. Il est déjà curieux de trouver dans l'Inde et en Chine la même valeur ; cela fait soupçonner que ces nombres n'ont pas été calculés séparément par les Hindous et les Chinois ; l'explication nous apparaît avec clarté, si nous remarquons que la durée du plus long jour à Babylone, calculée, et cette fois très sérieusement, par Ptolémée, est de $14^h\ 25^m$. La différence est trop légère pour qu'on n'admette pas sans hésiter que les nombres hindous et chinois viennent de Babylone[1].

En tout cas, pour ce qui est du caractère décimal des numérations anciennes, après vous avoir démontré qu'il y a eu communication entre tous les peuples asiatiques, je vous laisse le choix de la conclusion.

1. *Vorlesungen uber Geschichte der Mathematik*, t. I, p. 28.

Je ne finirais pas si je vous indiquais les signes à l'aide desquels Égyptiens, Chaldéens, Hindous, Chinois, Hébreux, Phéniciens représentaient d'une part les 9 premiers nombres, d'autre part les dizaines, cent, mille, etc... Cela me paraît du reste toucher à la linguistique plus qu'à la mathématique. En général, la numération est purement additive ; c'est-à-dire que, pour lire le nombre, il faut ajouter les unités représentées par chaque signe. Dans l'écriture hiéroglyphique égyptienne, par exemple, 30 ne se représentera pas par le signe dix précédé du multiplicateur 3, mais par le signe dix répété 3 fois. C'est là le type de la numération la plus primitive. Je dois dire qu'à côté de l'écriture hiéroglyphique, les Égyptiens avaient une écriture hiératique où la numération est un peu plus rapide, mais guère plus. L'usage des multiplicateurs, à gauche des signes dix, cent, mille, etc., se trouve plus nettement indiqué chez les Hindous, les Chinois, et les Chaldéens. — Les Chaldéens se distinguent encore, pour leur numération décimale, en ce que les signes dix, cent, mille... ne sont pas représentés par des symboles spéciaux, comme partout ailleurs. — Cent se représente dix fois dix, mille, dix fois cent, etc..., ce qui est évidemment un progrès, mais je n'insiste pas.

On croit pouvoir faire remonter aux temps les plus reculés l'usage, dans toute l'Asie, de la table à calculs. Les inscriptions, retrouvées sur des vases grecs, montrent l'antique usage qu'en faisaient les Babyloniens. D'autre part, de très fortes raisons nous font supposer que la table à calcul a été connue en Chine de toute antiquité. Le *Siuan-pan* chinois y est encore très répandu. C'est par les conquérants Mongols qu'il a été introduit en Russie au moyen âge, et c'est de Russie qu'il nous est venu, apporté par Poncelet, qui conseilla de l'utiliser dans les salles d'asile ; il y est connu sous le nom de *boulier*. Voici en deux mots ce qu'était, pense-t-on, l'ancienne table à calcul : imaginez un cadre renfermant 3 rangées de boules mobiles sur des fils tendus ; ces rangées comprennent chacune 9 boules. Celles de la 1re rangée à droite seront des unités ; celles de la 2e, des dizaines ; celles de la 3e, des centaines. — En séparant vers le bas autant de boules de chaque rangée qu'on veut représenter d'unités de cet ordre, vous comprenez qu'on peut facilement exprimer n'importe quel nombre inférieur à mille. Cet appareil permet de faire très simplement les additions, pourvu que le total ne dépasse pas mille.

Cette façon de représenter les nombres impliquait déjà, remarquez-le, le principe de la valeur relative, de la valeur de position des chiffres. Il est étrange que ce principe n'ait pas été dégagé par l'antiquité. Les Grecs eux-mêmes ne remarquèrent pas que, pour écrire un nombre, il n'est pas nécessaire de conserver une notation spéciale pour mille, pour cent et pour dix. — A la rigueur, pour les Grecs, cela s'explique ; nous les verrons créer, avec Pythagore, l'*arithmétique*, la science des nombres, par opposition à la *logistique*, qui est l'ensemble des calculs pratiques, et certainement, pour leur esprit spéculatif, ce problème matériel de la numération ne dut pas présenter un grand intérêt. Mais chez ces peuples, dont l'antiquité nous apparaît tous les jours de plus en plus reculée, et où l'instruction était certainement très répandue, comment n'a-t-on pas eu l'idée de supprimer un ensemble de mots ou de signes inutiles ? Comment n'a-t-on pas vu, par exemple (pour exprimer par des notations symboliques notre idée générale) que le nombre :

3 2 5 1
M C D U

peut se passer des quatre lettres écrites sous les signes numériques ? Cela est inconcevable. — D'autant plus inconcevable, que nous allons voir chez les Chaldéens, à côté du système décimal, un système sexagésimal fort avancé, qui implique nettement le principe de la valeur de position des chiffres.

L'assyriologue anglais Hincks[1] a traduit une curieuse inscription cunéiforme, où il est question des portions du disque lunaire qui se trouvent éclairées chacun des quinze premiers jours de la lunaison, de la nouvelle lune à la pleine lune. Et voici comment ces portions éclairées se trouvaient désignées :

5	10	20	40	1.20
1.36	1.52	2.8	2.24	2.40
2.56	3.12	3.28	3.44	4

L'interprétation de ces résultats n'était pas commode. Hincks finit par deviner que les Chaldéens divisaient le disque lunaire en 240 parties égales ; que les nombres écrits représentent chacun un certain nombre de ces parties, et enfin que, pour les lire, il faut faire représenter aux nombres 1, 2, 3, 4, placés à gauche d'autres nombres, des *soixantaines*. Ainsi il faut lire :

5	10	20	40	80
96	112	128	144	160
176	192	208	224	240

1. Transactions of the R. Irish Academy. Polite literature, XXII, 6.

Une première vérification de cette traduction c'est que, suivant le texte cunéiforme, les nombres inscrits doivent être en progression géométrique jusqu'au cinquième, — puis, à partir du cinquième, en progression arithmétique. Et en effet, vous le voyez, les cinq premiers nombres sont 5, 2 fois 5, 2 fois 10, 2 fois 20, 2 fois 40 ; à partir de là chaque nombre de ce tableau est égal au précédent augmenté de 16. — Il y a de fortes présomptions pour que Hincks ne se soit pas trompé et pour que les Chaldéens aient eu un système sexagésimal, pour lequel ils jugeaient inutile d'indiquer que les nombres, placés à gauche d'un autre, représentent des unités 60 fois plus grandes. — Mais voici qui apporte une démonstration complète, si c'était nécessaire :

En 1854, le géologue Loftus trouva à Senkereh[1], sur l'Euphrate, deux petites tablettes d'argile, provenant de la bibliothèque de Sardanapale IV, à Babylone, recouvertes des deux côtés d'écriture cunéiforme. Sur l'une d'elles on a pu lire ce qui suit :

1	est le carré de	1
4	—	2
9	—	3
. . .	. . .	. . .
49	—	7

et puis, non pas

	64	est le carré de	8
mais	1.4	est le carré de	8
	1.21	—	9
	. . .	. . .	. . .
	58,1	—	59
et enfin	1	—	1

1. Cf. les Mémoires de l'Académie de Berlin, 1877. Mémoire de R. Lepsius.

Il est évident que 1.4 doit se lire 64, 1.21 doit se lire 81, et ainsi de suite, et que la dernière ligne signifie : 1 unité du 3e ordre, ou 60^2, est le carré de 1 unité du 2e ordre, 60 (ou 3600 est le carré de 60). — Sur l'autre tablette on lit :

1	est le cube de	1
8	—	2
27	—	3
1.4	—	4

Jusque-là il n'y a rien de nouveau à apprendre. Mais, arrivé au cube de 16, on lit le nombre 1. 8. 16. Or, $1 \times 60^2 + 8 \times 60 + 16 = 4.096$, c'est-à-dire justement le cube de 16, et ainsi de suite. — Nous trouvons donc ici non seulement un système sexagésimal bien construit, mais même une représentation assez simple fondée sur le principe de la valeur de position. — Comment l'idée qu'elle impliquait ne parvint-elle pas à se propager ? Cela tient sans doute à ce que ce système utilisait deux numérations, la numération décimale de 1 à 60, et la numération sexagésimale au delà.

En dehors de ces tablettes, quantité d'inscriptions et de témoignages historiques nous montrent, comme jouant un grand rôle dans la numération chaldéenne, le *soss*, 60, — le *ner*, 600, c'est-à-dire 10 fois 60, — et le *sar*, $60^2 = 3.600$. Nous retrouvons dans le *ner*, comme le fait remarquer M. Cantor, la trace du mélange des deux numérations [1].

1. Le sens de ces unités a quelque importance quand on rapproche, au point de vue des nombres, le récit biblique de la tradition chaldéenne. Il est assez curieux que la Genèse emprunte à celle-ci beaucoup de nombres, mais en altérant le sens des unités qu'ils représentent. Ainsi, par exemple, le temps écoulé, d'après

Jusqu'où se sont élevées les connaissances arithmétiques des anciens peuples ? Les documents positifs qui nous permettent d'en juger sont assez rares.

Puisque j'ai cité tantôt l'inscription de Hincks et les tablettes de Senkereh, commençons par ces deux documents. Les Chaldéens savent parler, vous l'avez vu, de progressions arithmétiques et de progressions géométriques. Ont-ils étudié ces progressions en elles-mêmes, rien ne l'indique ; rien ne nous autorise à croire qu'il y ait eu là pour eux autre chose qu'une désignation de suite de nombres, qui se présentent dans divers problèmes pratiques ou astronomiques. — Ils s'étaient préoccupés de connaître les carrés et les cubes des nombres entiers. Pourquoi cette préoccupation ? Etait-ce curiosité des propriétés des nombres ? C'est peu probable. Nous savons que le problème pratique de l'extraction de la racine carrée s'est posé de bonne heure dans l'Inde, et, les Hindous n'ayant jamais fait preuve d'une grande originalité scientifique, il est probable qu'il s'imposa partout, et surtout en Chaldée. Or, une première solution de ce problème consiste à

la Bible, entre le déluge et la naissance d'Abraham est de 292 ans. Le temps écoulé de la naissance d'Abraham à la mort de Joseph, qui clot la Genèse, est de 361 ans. Or *292 Soss* et *361 Soss* (ou soixantaines d'années) sont des périodes qui, dans la tradition babylonienne, ont une signification astronomique. — Autre exemple : la tradition chaldéenne donne aux rois antédiluviens une durée de 86,400 *Soss* de mois. La Bible donne pour la période antédiluvienne 86,400 semaines, ce qui fait 1.656 années. — Du reste, on peut suivre dans la Bible, en maints endroits, les traces d'influence babylonienne justement au choix de nombres qui se rattachent visiblement au système sexagésimal de la Chaldée. (Voir l'article Babylone de M. Oppert, de la *Grande Encyclopédie*, et Cantor, *Vorlesungen*, — le chapitre consacré aux Babyloniens.)

placer le nombre donné entre les carrés de deux nombres consécutifs ; 47, par exemple, est compris entre 36 et 49, c'est-à-dire entre les carrés de 6 et de 7. Une première approximation, pour le calcul de sa racine, consiste alors à prendre 6. — Il est difficile de savoir jusqu'où on poussait l'approximation, mais il y a tout lieu de penser que les tables toutes faites de carrés et de cubes servaient à donner rapidement cette première solution du problème de l'extraction de la racine carrée ou cubique. Du reste, aujourd'hui encore, les aide-mémoire destinés aux calculs pratiques des ingénieurs contiennent des tables toutes prêtes de carrés et de cubes.

Quelques savants ont cru trouver en Asie des traces incontestables de divagations plus ou moins mystiques sur les nombres. Une tablette de la bibliothèque de Ninive, par exemple, nous a conservé la liste des principaux dieux assyriens, représentés chacun par l'un des soixante premiers nombres entiers, puis la liste des esprits désignés, eux, par des fractions. En outre, quelques écrits composés probablement sous l'influence chaldéenne, tels que le livre de Daniel et les Apocalypses, auxquelles il peut avoir servi de type, semblent bien donner à tels ou tels nombres un sens symbolique et prophétique ; les exemples sont nombreux. De là à conclure que Pythagore a voyagé en Chaldée, s'est initié au mysticisme numérique des Asiatiques et a pris à Babylone le goût de l'étude des nombres, il n'y a qu'un pas, et ce pas a été vite franchi.

D'abord il ne faut pas s'exagérer l'importance de ces documents. La tablette de Ninive peut n'indiquer qu'une sorte de classification des divinités assyriennes. Quant à Daniel, le premier en date des écrivains symbolistes dont il est question, on peut dire aujourd'hui, avec beaucoup de vraisemblance, qu'il vivait, non pas au VIe siècle, pendant la captivité de Babylone, mais au IIe siècle avant J.-C., après la conquête macédonienne, et il serait plus naturel de parler de l'influence sur Daniel des derniers pythagoriciens, que de l'influence de Babylone sur Pythagore. Enfin et surtout si quelques pythagoriciens ont été amenés à écrire des folies, il faut se garder de les mettre sur le compte de Pythagore. Pythagore, tout nous le fait présumer, a été un mathématicien éminent, qui a étudié les propriétés des nombres pour elles-mêmes, comme il a fait de la géométrie pour elle-même, ce qui n'a aucun rapport avec les Asiatiques, contemplant les propriétés des nombres pour s'aider dans l'art de deviner l'avenir, supposé qu'ils les aient contemplées, absolument comme nous les verrons observer le ciel pour faire de l'astrologie [1].

J'arrive au document de beaucoup le plus important qui puisse nous renseigner sur l'arithmétique ancienne : c'est le papyrus égyptien de Rhind, qu'a fait connaître M. Eisenlohr, professeur à Heidelberg, et qui contient un *Manuel du calculateur* [2]. Il a été impossible de fixer exactement la date de sa composition. Se fondant sur la forme des caractères,

1. Nous ne doutons plus guère d'ailleurs que chez tous les peuples, comme aujourd'hui dans toutes les Sociétés inférieures, dès qu'un minimum de culture permet le maniement des nombres, ne se manifeste une croyance à leur puissance mystique. Voir, dans l'ouvrage récent de M. Lévy-Bruhl (*les fonctions mentales dans les sociétés inférieures*), le chapitre très convaincant qui a pour titre : La mentalité prélogique dans ses rapports avec la numération.

2. Ein mathematisches Handbuch der Alten Aegypter, ubersetzt und erklart von Aug. Eisenlohr, Leipzig, 1877.

M. Eisenlohr affirme qu'il a été écrit sous la XVIIIe dynastie, probablement entre 1700 et 1750 avant J.-C. Ce manuel, dont l'auteur se nomme Ahmès, est un traité pratique, à l'usage peut-être des architectes ou ingénieurs, ou encore des fermiers chargés de gérer les biens de quelque riche propriétaire. Il indique la solution des problèmes que de pareils fermiers auraient à résoudre. Ce sont, d'une part, des questions de calcul relatives, en grand nombre, à des mesures de capacité pour les grains ou les fruits ; d'autre part, des questions de géométrie où il s'agit surtout d'évaluer des surfaces et des volumes.

Laissons la géométrie pour tout à l'heure, et voyons ce que ce papyrus renferme d'intéressant en arithmétique. Je vous indique d'abord les types des principaux problèmes, tels que nous les donne M. Rodet, qui a corrigé sur certains points la traduction d'Eisenlohr :

Réduction des fractions ayant 2 pour numérateur, et pour dénominateur un nombre impair, en une somme de fractions ayant pour numérateur 1 [1]. — Ces sortes de questions devaient avoir une grande importance chez tous les peuples anciens ; car partout, dans

1. « Cette opération, dit M. Rodet, est énoncée en ces termes « (d'après l'Égyptien, non d'après l'Allemand) : « Exprime 2 entre « 13 » par exemple, ce qui rappelle l'expression analogue des « Arabes et des Juifs : 2 parties de 13 parties dans l'unité, chose « que les Arabes appellent « une expression inarticulable», et l'au- « teur juif Aben-Ezra « une fraction que l'homme ne saurait pro- « noncer ». Voilà pourquoi l'auteur égyptien la rend prononçable « en la convertissant en une somme de fractions très simples. — « Héron fait souvent des conversions de ce genre. Il dit, par exem- « ple : 15876 dont la 200e partie est $79\frac{1}{4}\frac{1}{8}\frac{1}{200}$. — L'auteur « arabe Al-Kharizmi nous en offre aussi des exemples fréquents. » (*Bulletin de la Société mathématique*, t. VI, p. 142.)

toutes les numérations, les seules fractions utilisées ont 1 pour numérateur. La fraction $\frac{2}{3}$ seule fait exception et est représentée par un signe spécial. Notons encore à ce propos que les Grecs ne songeront pas à se débarrasser de cet usage exclusif. Dans Héron d'Alexandrie et dans l'Arithmétique de Nicomaque, ce sont encore des fractions à numérateur 1 qui seront maniées dans les calculs, et il en sera de même dans le papyrus grec d'Akhmîm, récemment traduit, dont la date semble devoir se fixer entre le VIe et le IXe siècle après J.-C.

Partage de 1, ou 3, ou 6 rations entre 10 personnes.

Calcul d'une quantité qui, augmentée de fractions d'elle-même, donne un nombre connu.

Nombreux problèmes de partage.

Evaluations de salaires.

Calculs du rendement en pains ou en brocs de bière de certains volumes de farine ou de grains.

Une question incomplètement déchiffrée, où se trouvent calculées quelques puissances de 7 et leur somme.

Tableau de concordance des mesures de capacité pour les grains et les liquides.

Enfin, trois problèmes où, suivant M. Eisenlohr, l'auteur enseignerait la manière de calculer la nourriture des oies et des bœufs.

A s'en tenir au type général des problèmes qui ont été clairement interprétés, vous voyez en somme qu'il s'agit de questions du premier degré, dans le genre de celles que l'on pose aux examens du brevet élémentaire.

Voici, tels que les donne M. Rodet, l'énoncé et la solution égyptienne d'un problème [1] :

1. *Bulletin de la Société mathématique*, t. VI, p. 140.

Je verse 3 fois mon vase dans un boisseau ; j'ajoute $\frac{1}{3}$ et $\frac{1}{5}$ de mon vase ; je le remplis. Quelle est la quantité en question ?

Si l'on te dit cela, fais comme ceci :

.	1	(30)
..	2	(60)
$\frac{1}{3}$	$\frac{1}{3}$	(10)
$\frac{1}{5}$	$\frac{1}{5}$	(6)
Total 3	$\frac{1}{3}$ $\frac{1}{5}$	$\frac{106}{30}$

Exprime 30 entre 106, c'est-à-dire cherche quelle fraction de 106 vaut 30.

	.	106
	$\frac{1}{2}$	53
/	$\frac{1}{4}$	26 1/2
/	$\frac{1}{106}$	1
/	$\frac{1}{53}$	2
/	$\frac{1}{212}$	$\frac{1}{2}$
	Total.	$1 = \frac{30}{30}$

La quantité est donc $\frac{1}{4}\ \frac{1}{53}\ \frac{1}{106}\ \frac{1}{212}$

Puis vient une série de calculs destinés à faire la preuve.

Sans entrer dans plus de détails, voici les remarques générales que suggère le papyrus sur la façon de calculer de son auteur :

Il sait effectuer sur les nombres entiers les calculs conduisant aux résultats des quatre opérations simples mais il ne connaît pas de procédés spéciaux pour la multiplication et la division. Pour la multiplication, il n'effectue directement que la duplication, la multiplication par 2. En répétant cette opération un nombre de fois suffisant, et ayant recours à une suite d'additions, il parvient naturellement à effectuer n'importe quelle multiplication. Ainsi, pour multiplier un nombre par 5, il forme son double, puis le double du double auquel il ajoute le nombre. Vous avez vu dans l'exemple de tantôt, où le contenu du vase était représenté par 30, que le calculateur, pour former la somme indiquée par l'énoncé, n'écrit pas 3 fois 30 (90), mais 1 fois 30, puis 2 fois 30 (60).

Quant à la division, M. Rodet déclare, en dépit de certaines expressions de la traduction allemande, que l'auteur égyptien l'ignore absolument. L'opération qu'il y substitue consiste, selon le texte même, *à faire croître l'un des deux nombres, pour trouver l'autre*, c'est-à-dire à former successivement les multiples du premier jusqu'à atteindre le second.

Les fractions sont couramment employées dans les calculs. Ainsi que nous l'avons déjà dit, l'auteur n'y laisse jamais subsister que des fractions ayant pour numérateur 1, à l'exception de la fraction $\frac{2}{3}$.

Sans exposer à part aucune théorie de ses opérations sur les fractions, l'auteur du papyrus procède comme s'il connaissait nos principes fondamentaux de la théorie des fractions. Pour lui, sans doute, il est instinctivement évident qu'une fraction devient *n* fois plus grande, quand on multiplie son numérateur par *n*, — *n* fois plus petite quand on multiplie son dénominateur par *n* ; — qu'elle ne change pas de valeur quand on multiplie les deux termes par un même nombre.

Quand il s'agit de prendre une fraction d'un nombre entier ou d'une fraction, il y parvient à l'aide d'une série de calculs. Mais ici encore il n'a pas dégagé une règle générale directe pour obtenir ces résultats ; il est évidemment très loin de l'idée que cette opération peut rentrer dans une définition générale de la multiplication dont les nombres entiers ne fourniraient qu'un cas particulier.

Enfin l'auteur emploie fréquemment un procédé qui, au premier abord, a pu passer pour la réduction des fractions au même dénominateur, telle que nous la pratiquons nous-mêmes. M. Rodet a clairement démontré (*Journal asiatique*, tome XVIII) qu'il ne s'agit nullement de cette opération. Le savant orientaliste a établi l'identité du procédé égyptien et d'une règle suivie couramment par les auteurs arabes ou hébreux du moyen âge, qui consiste à remplacer dans un problème certaines fractions par des nombres entiers proportionnels, puis, une fois la solution trouvée, à la réduire dans le rapport inverse de celui où l'on avait multiplié l'unité. Ces nombres entiers que l'on substitue aux fractions sont bien les numérateurs que nous obtiendrions en réduisant au même dénominateur, et le nombre par lequel on a multiplié l'unité, et par lequel il convient de diviser le résultat, n'est autre que le dénominateur commun ; mais cependant l'auteur du papyrus ne s'est certainement pas élevé à cette conception beaucoup plus récente à coup sûr [1].

Ce document, Messieurs, détruit l'antique légende suivant laquelle la géométrie grecque seule venait d'Egypte. Non seulement nous voyons chez les Grecs quelques usages dont ce manuscrit donne l'exemple, comme celui qui concerne les numérateurs 1 et la fraction [2], mais même nous retrouvons, jusque dans Héron et Diophante, des types de problèmes identiques à ceux du papyrus de Rhind. Seulement ce n'est pas l'arithmétique des Grecs, c'est leur *logistique* qu'il

1. Cette interprétation de M. Rodet vient d'être pleinement confirmée par la traduction du papyrus d'Akhmîm (Baillet, *Mémoires de la mission française du Caire*, 92). Dans ce traité mathématique grec, — mentionné plus haut, — les règles égyptiennes se trouvent, pour les questions analogues, éclaircies et portées à leur complet développement, mais la ressemblance avec le papyrus de Rhind reste encore telle, que nous nous demandons si l'original dont le paryrus d'Akhmîm n'est qu'une copie, paraît-il, ne serait pas un traité égyptien beaucoup plus ancien.

faudra rapprocher du manuel égyptien, c'est-à-dire la science pratique, l'ensemble des règles utiles aux applications journalières. Nous ne trouvons pas dans le papyrus la moindre trace de ce qui sera la théorie des nombres des Pythagoriciens. En Égypte, moins encore qu'en Asie, nous n'avons aucune raison de croire qu'on ait eu l'idée d'une arithmétique théorique.

Passons à la géométrie.

Et d'abord, puisque nous parlions du papyrus de Rhind, que nous apprend-il sur la géométrie égyptienne ? Je l'ai déjà dit, il est surtout question de surfaces et de volumes à évaluer. Pour les volumes, il est à peu près impossible jusqu'ici de reconstituer les règles suivies, ou, quand on retrouve la règle, il est difficile de savoir de quel solide il s'agit. Pour les surfaces, voici ce qui nous intéresse :

L'aire du carré s'obtient régulièrement en faisant le produit du côté par lui-même.

L'aire d'un quadrilatère quelconque se calcule en faisant le produit des demi-sommes des côtés opposés. Pour un rectangle, cette règle donne bien le produit des deux dimensions, mais dans le cas général la règle est inexacte.

L'évaluation de l'aire d'un cercle est particulièrement curieuse : l'auteur du papyrus prend les $\frac{8}{9}$ du diamètre qu'il élève au carré. Cela revient à prendre pour l'aire :

$$\left(\frac{16}{9}\right)^2 R^2$$

au lieu de

$$\pi R^2,$$

de sorte que finalement la règle consiste, peut-on dire, à prendre pour π la valeur

$$\left(\frac{16}{9}\right)^2 = \frac{256}{81} = 3,1604...$$

au lieu de 3,1415... Cette approximation, évidemment due à un procédé qui nous échappe, est peut-être ce que le traité égyptien contient de plus intéressant pour la géométrie.

En dehors des questions sur la mesure des surfaces et des volumes, je dois vous signaler un certain nombre de problèmes curieux, où l'on demande le rapport d'une longueur à une autre, et qui reviennent ordinairement à déterminer l'inclinaison d'une arête ou d'une face sur le plan horizontal. Voici un exemple[1] :

Préceptes pour énoncer une pyramide de 360 au « travers de la plante » du pied, 250 à la « saillie en tranchant[2] ». Donne-moi son rapport. — Fais la moitié de 360, ce qui donne 180. Fais croître le nombre 250 pour trouver 180. Cela fait $\frac{1}{2}$ $\frac{1}{5}$ $\frac{1}{50}$ de coudée.

Le fait que les Égyptiens portaient ainsi leur attention sur le rapport des lignes d'une figure est intéressant, mais il ne faudrait pas en exagérer l'importance et y voir seulement l'ébauche d'une théorie scientifique de la similitude. Ce n'est qu'un indice de ce sentiment instinctif, que nous avons tous, de la variation des corps dans des conditions telles que les grandeurs des éléments soient modifiées sans que la forme le soit, toutes proportions gardées, comme on peut dire, sans pré-

1. Rodet, article cit., p. 145.

2. « C'est-à-dire 360 de diagonale de base, 250 d'arête ; le mot « qui désigne l'arête et qui signifie littéralement *saillie en tranchant*, est écrit pir-em-us : c'est vraisemblablement de là qu'est « emprunté le grec πυραμίς. » (Rodet, *idem.*)

tention scientifique. Les premiers hommes, qui ont dessiné sur les rochers des figures plus ou moins grossières, témoignaient déjà de ce sentiment par leur seul désir de faire ressemblant, semblable par conséquent, sans conserver les dimensions [1]. Vous sentez bien la distance qui sépare un pareil sentiment d'une théorie quelconque de la similitude, et vous conviendrez avec moi que les questions géométriques du papyrus de Rhind ne témoignent pas de préoccupations d'ordre moins terre à terre que le reste du manuel.

N'avons-nous pas d'autres indices certains des connaissances géométriques de l'Égypte ?

Clément d'Alexandrie [2] nous a conservé un mot de Démocrite, qui semble très instructif, et d'autant plus significatif que Démocrite a voyagé en Égypte vers le milieu du ve siècle. « Pour la combinaison des lignes avec démonstration, dit Démocrite, personne ne m'a surpassé, pas même ceux qu'on nomme en Égypte Ἀρπεδονάπται ». Zeller, dans son *Histoire de la philosophie des Grecs*, dit que le sens de ce mot Ἀρπεδονάπται est très controversé. J'ai trouvé le mot traduit ainsi : « ceux qui attachent le cordeau » par M. Tannery et M. Cantor, et, ayant cherché moi-même à comprendre à l'aide d'un dictionnaire grec-français, j'ai trouvé pour ἁρπεδόνη : cordeau, cordon tiré ; et pour ἅπτειν : atta-

1. Il est évident d'ailleurs que ce sentiment de similitude ou de proportionnalité ne se montre pas seulement, dans le papyrus de Rhind, à l'occasion des problèmes de géométrie, dont nous venons de parler. Ainsi que M. Rodet l'a fait remarquer, — et suivant une interprétation que confirme le papyrus d'Akhmîm, — ce sentiment se retrouve à la base même de la méthode de calcul par laquelle l'auteur égyptien substitue des entiers aux fractions, sauf à corriger à la fin, — méthode qui fournira d'ailleurs pendant de longs siècles la règle dite *de fausse position*.

2. Clément d'Alexandrie, éd. Potter, 357.

cher ; de sorte que j'ai peine à croire que le sens du mot puisse être discuté. Ce qu'on se demande avec quelque curiosité, c'est évidemment quelles pouvaient bien être les fonctions des harpédonaptes. La première pensée qui vient à l'esprit, c'est que ce devaient être des arpenteurs chargés soit de mesurer, soit de niveler des terrains. Cela pouvait entrer dans leurs attributions, mais sûrement il y avait autre chose. Si Démocrite les nomme comme possédant une science démonstrative, c'est qu'au moins ils en ont la réputation et l'apparence ; c'est que, parmi les opérations auxquelles ils se livrent, il doit y en avoir une particulièrement importante. Les papyrus et les inscriptions confirment d'ailleurs cette opinion. D'une part, un des plus anciens papyrus, qui fait partie de la collection de Berlin[1], mentionne, en lui donnant une certaine importance, l'opération *des Speilspannen* (comme l'ont traduit les Allemands), c'est-à-dire l'opération qui consiste à tendre la corde, et ce papyrus remonte à Amemenhat I, de la douzième dynastie, dont la chronologie est impossible à fixer, mais qu'il faut placer sûrement bien au delà de l'an 2000 avant J.-C. D'autre part, les peintures trouvées sur les murs des temples nous montrent assez souvent un personnage, qui n'est rien de moins que le roi lui-même, tenant dans ses mains une corde et des piquets, et il ressort clairement des inscriptions que le roi, ainsi représenté, collabore avec une déesse à la très grave opération de *l'orientation du temple*. Nous savons, en effet, que tous les temples, ainsi que tous les monuments funéraires, en Égypte, sont à peu près exactement orientés : je reviendrai dans ma prochaine leçon sur cette question qui touche à l'astronomie. Pour le

1. Cf. Cantor, *Vorlesungen*, I, p. 57.

moment, je vous ferai remarquer, avec M. Cantor, à qui j'emprunte cette idée, qu'il ne suffit pas pour l'orientation du monument de déterminer la méridienne, la ligne nord-sud : il faut encore fixer la direction perpendiculaire à celle-là ; et c'est ici que nous arrivons à un problème de géométrie. M. Cantor n'hésite pas à déclarer que c'est la résolution de ce problème qui constituait la fonction essentielle des harpedonaptes et, c'est là surtout ce qui nous intéresse, il croit que les harpedonaptes utilisaient, pour cette opération, la propriété des nombres 3, 4, 5, d'être les côtés d'un triangle rectangle.

Vous connaissez tous le fameux théorème du carré de l'hypoténuse. La figure classique qui sert à le démontrer est populaire et connue aujourd'hui sous le nom de *pont-aux-ânes*. Les Grecs lui avaient également donné un nom vulgaire, c'était chez eux le θεώρημα τῆς νύμφης. Les témoignages de l'antiquité attribuent la découverte du théorème à Pythagore. La tradition même nous le montre, sur la foi de deux vers grecs dont on ne connaît pas exactement l'auteur, offrant un sacrifice aux dieux, dans la joie de sa découverte. Vous comprenez de quel intérêt il est, pour l'histoire des sciences, de démontrer que Pythagore trouva en Asie ou en Égypte l'énoncé de son théorème. Je m'arrête donc un instant sur les vues de M. Cantor.

Supposons d'abord, dit-il en substance, que les harpedonaptes aient connu la propriété du triangle 3, 4, 5, aient su par conséquent que si dans un triangle ABC, AB = 3, BC = 4, AC = 5, ABC est un angle droit ; alors tout s'éclaire. Une fois que, pour l'orientation du temple, on aura disposé deux piquets sur la méridienne à une distance de 4 unités de longueur, qu'on prenne une corde de 12 unités de longueur, dont les deux bouts soient réunis, et qu'on aura partagée, une fois pour toutes, en 3 parties, respectivement égales à 3, 4, 5, par deux autres nœuds ; qu'on fixe ces deux nœuds sur les deux piquets, en B et C, et enfin que, prenant en main le nœud A, on tende la corde : la direction BA sera celle de la ligne EO. Du même coup nous comprenons pourquoi les Égyptiens chargeaient de ces fonctions sacrées, dans leurs peintures, le roi lui-même ; pourquoi aussi les harpedonaptes étaient considérés comme très savants géomètres : il suffit d'admettre qu'ils ne disaient pas leurs secrets au vulgaire, de sorte que toutes les suppositions fussent permises sur les procédés mystérieux qui leur permettaient si facilement de résoudre le problème géométrique de l'orientation. Démocrite pouvait, sur la foi de leur renommée, croire lui-même qu'ils résolvaient de véritables problèmes avec démonstration, comme il dit.

L'hypothèse devient plus probable encore, si l'on tient compte de quelques passages de livres chinois et hindous, où se trouve également mentionnée la propriété du triangle 3, 4, 5. Malheureusement, quand il s'agit des Chinois et des Hindous, on ne sait jamais à quoi s'en tenir exactement sur l'ancienneté des témoignages que l'on cite. Pour les Hindous, il est curieux de voir comme peu à peu leurs livres les plus anciens sont rapprochés de nous par la critique moderne. De tous leurs *Sydanta* réputés jusqu'ici d'une si colossale ancienneté, on se demande aujourd'hui s'il en reste un seul antérieur, non pas seulement à la conquête d'Alexandre, mais à l'ère chrétienne. En Chine, c'est encore plus obscur : ce peuple a vécu si concentré en lui-même, que pour les témoignages anciens qui nous viennent de lui seul, il est difficile de contrôler quoi

que ce soit. En tout cas, si nous laissons de côté les Sulvasutras hindous, qui mentionnent le triangle 3, 4, 5, mais qui pourraient n'être pas antérieurs à la conquête d'Alexandre [1], voici un fragment d'un livre chinois, auquel on donne comme date probable 1100 ans avant J.-C., et qui certainement est antérieur à Pythagore. — Le livre d'où il est extrait a été écrit par l'empereur Tchaou-Kong, et a été traduit par Biernartzki. « Tchaou-Kong dit un jour à Schang-Kaou :
« j'ai appris que tu es très expert dans les nombres.
« Je voudrais donc te demander comment l'ancien Fo-
« Hi a fixé les degrés sur la sphère céleste. Il n'y a
« point d'échelons avec lesquels on puisse gravir le
« ciel ; le fil-à-plomb et la mesure de la grandeur de la
« terre sont des moyens qui ne peuvent s'appliquer au
« ciel. Je voudrais donc savoir comment on a fixé ces
« nombres. — Schang-Kaou répondit : L'art de com-
« pter se ramène au cercle et au carré. Si on analyse
« un angle droit, la ligne qui joint les deux extrémités
« de la base et de la hauteur est égale à 5, quand l'une
« est égale à 3 et l'autre à 4. — Tchaou-Kong s'écria :
« En vérité, c'est merveilleux [2] ! »

Ces derniers mots sont assez clairs, et il nous semble

1. On verra dans un chapitre ultérieur que les Sulvasutras qui mentionnent le triangle 3-4-5 et quelques autres sont décidément antérieurs à la conquête d'Alexandre. On verra aussi que l'attribution aux Égyptiens de la connaissance du triangle 3-4-5 se trouve confirmée. Mais, comme l'a observé Zeuthen, l'argument de M. Cantor n'était pas fondé. Apastamba, l'auteur de Sulvasutras, dont il sera question plus loin, manie constamment la corde et les piquets et, en particulier, pour construire la perpendiculaire au milieu d'une droite, comme nous le faisons aujourd'hui.

2. Voir aussi à ce sujet le mémoire d'Ed. Biot : Traduction et Examen d'un ancien ouvrage chinois intitulé *Tchaou-Pei*, *Journal Asiatique*, juin 1841.

difficile de douter que la propriété du triangle 3, 4, 5, ne fût connue en Orient, et sans doute en Égypte, depuis des temps très reculés. Remarquez bien ce que comprend cette connaissance. La propriété arithmétique des nombres entiers consécutifs 3, 4, 5, à savoir que les carrés des deux premiers ont pour somme le carré du troisième, avait certainement frappé les penseurs à une époque fort éloignée dans le passé. Puisque l'on a construit des tables de carrés, cette singularité ne pouvait pas ne pas sauter aux yeux. La correspondance d'un nombre carré à la surface d'un carré géométrique, dont le côté est égal à la racine, n'offrait aucune difficulté, et par conséquent la propriété arithmétique pouvait se traduire sans peine ainsi : l'aire du carré construit sur une longueur égale à 5 est équivalente à la somme de deux carrés, de côtés 3 et 4. Mais tout cela n'est pas encore cette propriété géométrique curieuse que le triangle formé par les côtés 3, 4, 5 a un angle droit. Comment avait-on bien pu la découvrir ?..... C'est une question à laquelle il est impossible de répondre. Mais rien absolument ne nous permet de soupçonner une démonstration théorique. Il est probable que c'était chez les Égyptiens comme chez les Chinois, une règle de routine qu'avait suggérée l'expérience, et, en tous cas, n'oubliez pas que ce qui nous a incités à chercher en Égypte les traces du fameux théorème, c'est le besoin de définir une opération toute pratique, la vérification expérimentale d'un angle droit [1].

Il me reste à vous dire deux mots des connaissances géométriques de la Chaldée. — On a trouvé parmi les

1. Nous reprendrons un peu plus loin cette question à propos de la géométrie d'Apastamba.

peintures des monuments quelques figures de géométrie, dont la plus intéressante et la plus fréquente est un cercle partagé en six parties égales par trois diamètres. La division de la circonférence en six parties égales s'obtient, comme vous savez, en portant six fois le rayon sur la circonférence ; la corde qui sous-tend la sixième partie de la circonférence est le rayon. La construction rigoureusement exacte du cercle trouvé sur les monuments babyloniens exigerait la connaissance de cette propriété. Faut-il conclure que vraiment les Chaldéens l'ont connue ? — Je n'en vois pas la nécessité. Autre chose est de connaître les propriétés géométriques des figures ; autre chose de les construire avec adresse.

Cependant quelques-uns ont pensé autrement, et je vais vous donner tout de suite le principal argument en faveur de leur thèse. Si on sait que le rayon du cercle, porté 6 fois sur la circonférence, ramène au point de départ, il peut paraître naturel, dans une première approximation grossière, de prendre pour la longueur de la circonférence 6 fois le rayon ou 3 fois le diamètre. Or, si aucun document ne nous prouve que ce fût là en Chaldée la mesure de la circonférence, la Bible, très instructive à cet égard, nous montre bien, en effet, le nombre 3, pris comme rapport de la circonférence au diamètre. Il y est dit que la mer du temple de Salomon a la forme d'une sphère, et que le diamètre a 10 coudées et le tour 30 coudées. Je vous laisse juges de la valeur de l'argument. Mais en tous cas, personne n'a songé à soutenir que les Chaldéens aient démontré le théorème relatif à l'hexagone régulier, ce qui pour nous est le plus important.

A propos de cette division de la circonférence en six parties égales, laissez-moi vous faire remarquer après

M. Cantor, qu'elle jette un certain jour sur l'origine de la numération sexagésimale des Chaldéens : Des observations astronomiques très primitives avaient suffi pour leur montrer que le soleil accomplit sa révolution à peu près en 360 jours, de sorte qu'en prenant pour unité le chemin parcouru chaque jour par l'astre, ils avaient dû être naturellement conduits à diviser le grand cercle que décrit annuellement le soleil en 360 parties égales. C'est sans doute là l'origine de leur division des arcs en degrés, aujourd'hui encore en usage. Leur division du cercle en six parties égales, qu'ils jugeaient commode, mettait ensuite en évidence la soixantaine de degrés, d'où probablement le rôle immense qu'ils ont fait jouer à ce nombre 60 [1].

Eh bien, Messieurs, j'ai fait successivement passer sous vos yeux tous les documents sérieux pouvant nous fournir quelque indication sur les connaissances de l'Orient et de l'Égypte en arithmétique ou en géométrie, et il nous est bien permis de dire que nous n'avons rien trouvé qu'un ensemble de règles pratiques.

Mais vous allez me reprocher d'avoir quelque peu négligé dans cette étude les témoignages des auteurs anciens. Pour les Égyptiens, en particulier, ne nous donnent-ils pas une haute idée de leurs connaissances mathématiques ?

Prenons bien garde de nous fier trop naïvement à ces témoignages. Tous ceux qui ont voyagé en Égypte après la conquête d'Alexandre, et qui nous rapportent, comme Diodore de Sicile, l'opinion des prêtres égyptiens sur leur antique savoir, doivent nous être suspects. La science grecque, quand elle pénétra en

1. Voir Cantor (*Vorlesungen*), t. I, p 92 et suiv.

Égypte, au IIIe siècle avant J.-C., avait déjà atteint un prodigieux développement ; elle était glorieuse et toute triomphante, et les prêtres égyptiens furent trop tentés de la revendiquer comme leur propre bien, pour que nous puissions ajouter foi à leurs assertions. Il y eut là quelque chose de comparable au désir des Juifs d'Alexandrie de s'attribuer la paternité de la philosophie socratique, et de voir dans Platon un adepte du mosaïsme. Nous ne devons prendre au sérieux que les témoignages qui datent d'avant la conquête d'Alexandre. Or, si nous remontons jusque-là, les témoignages favorables à la science orientale sont très vagues. D'après Hérodote, la géométrie est née en Égypte, l'arithmétique vient des Phéniciens ; et c'est cette tradition qui arrive jusqu'à Platon et Aristote. Mais quelle géométrie ? Quelle arithmétique ? L'*Histoire des mathématiques* d'Eudème, disciple d'Aristote, aurait peut-être pu nous donner quelques renseignements précis si elle nous eût été conservée. Malheureusement, nous ne trouvons quelques fragments d'Eudème que dans Proclus, du ve siècle après J.-C., qui d'ailleurs, M. Tannery l'a prouvé, les tirait d'un ouvrage de Geminus, auteur du Ier siècle de notre ère. Ces fragments sont à la fois suspects et insuffisants. — Reste, pour nous éclairer, deux témoignages dont vous apprécierez l'importance. D'une part, Platon, voyageant en Égypte, refuse aux habitants de ce pays la qualité de φιλομάθεις. Je reviendrai dans ma prochaine leçon sur ce jugement de Platon, qui nous éclaire sur le caractère général de la science égyptienne. Pour le moment, j'en dégage ce qui se rapporte aux mathématiques pures, et je passe au second témoignage, celui de Démocrite, que je vous ai déjà cité à propos des harpedonaptes. Vous vous le rappelez, Démocrite prétend que personne ne l'a dépassé en géométrie, pas même les géomètres les plus réputés de l'Égypte, et c'est au ve siècle que Démocrite s'exprime ainsi ; la géométrie grecque n'avait donc pas eu beaucoup de peine, aussitôt née, à dépasser la science égyptienne.

Je voudrais, après les documents positifs et les témoignages de l'antiquité, examiner avec vous ce qu'on pourrait appeler les documents indirects ; je veux parler des monuments orientaux et égyptiens, qui attestent peut-être des connaissances mathématiques appréciables. Mais cela risquerait de m'entraîner trop loin. Je remets cette question à la prochaine leçon, qui sera consacrée à terminer cet examen des connaissances de l'Orient, — et à conclure.

II

Nous avons passé en revue, dans notre dernière leçon, les documents positifs capables de nous éclairer sur les connaissances mathématiques de l'Orient et de l'Égypte ; nous n'avons rien dit des monuments grandioses dont les restes couvrent encore le sol de l'Égypte et de la Chaldée.

Quand, faute de pouvoir admirer sur place, on feuillète une histoire de l'art, — le beau livre, par exemple, de MM. Perrot et Chipiez, — on est véritablement confondu par la puissance que semblent attester ces témoins muets d'un passé merveilleux ; et, dans l'enthousiasme légitime qu'éveille la vue de tant d'œuvres gigantesques, on se demande s'il n'est pas prétentieux de vouloir jauger la science de leurs auteurs. Involontairement, on se prend à songer aux mystères dont les légendes entourent la science des prêtres orientaux, et, au moment où on allait conclure à la vanité de cette science, sur la foi d'inscriptions ou de quelque papyrus peut-être mal compris, on se sent vaguement intimidé par l'énigmatique regard des Sphinx... A la réflexion cependant, le charme de cette illusion disparaît, les ombres de la rêverie se dissipent, et il faut bien s'avouer que les monuments antiques, s'ils attestent un haut degré de civilisation et des qualités esthétiques appréciables, n'ont exigé que des connaissances scientifiques fort rudimentaires.

L'architecture est certainement aussi vieille que l'humanité. Nous pourrions en faire remonter l'histoire, comme on l'a dit, jusqu'aux abris que les premiers hommes savaient se ménager dans les rochers, et elle a produit des œuvres belles en même temps qu'utiles, le jour, sans doute fort éloigné de nous, où le sentiment artistique naturel à l'homme a trouvé dans les constructions une occasion de se manifester. Les monuments antiques qui de ce jour se sont élevés n'ont exigé, j'imagine, en dehors des qualités esthétiques de l'architecte, que l'art plus ou moins expérimenté du charpentier, du tailleur de pierres et du maçon.

Cela vous surprend peut-être, parce que nous parlons couramment aujourd'hui de la science de nos architectes et de nos ingénieurs. Nous avons raison d'en parler ! Mais voici le point essentiel par où se distinguent nos constructions des anciennes. Grâce justement aux progrès de la science, c'est aujourd'hui un minimum de matière qui se trouve utilisé pour le but à atteindre. Un exemple éclaircira ma pensée. Supposons qu'un cataclysme venant tout à coup à anéantir la civilisation européenne, quelque savant retrouve dans deux ou trois mille ans un monument tel que la tour Eiffel : s'il est intelligent, il comprendra qu'il y a là œuvre de science, et non pas seulement œuvre d'art. Pourquoi ? — Parce que, étant données la hauteur de la tour, sa stabilité, la résistance des diverses parties les unes à l'égard des autres, et la résistance du monument entier à l'égard des tempêtes, une quantité infime de matière a servi à la construction. Vous vous rappelez, pour l'avoir vue, au moins en gravure, la partie inférieure de la tour, jusqu'au premier étage, qui a à peu près la hauteur de 70 mètres. Sur cette première partie repose une hauteur de tour de 230 mètres. Vous imaginez-vous le colossal tronc de pyramide massif qu'eussent construit les anciens à la place, vous le savez, de ces constructions évidées, réduites presque aux arêtes de la pyramide ? Vous vous rappelez l'écartement gigantesque des pieds des montants, l'ouverture énorme des arches et leur hauteur. Comment si peu de matière suffit-il ? C'est précisément là que la science intervient, déterminant la forme des courbes, la direction des tangentes ou des normales, les dimensions et le poids des innombrables éléments qui entrent dans la construction, justement de telle façon que les conditions de stabilité et de résistance soient assurées. Mais en présence des monuments de la vieille Égypte ou de la Chaldée, de quelles connaissances scientifiques pourrions-nous y voir le témoignage ?

Voulez-vous que nous consultions sur ce point un architecte célèbre de l'antiquité, Vitruve, qui vivait du temps d'Auguste, et qui justement nous a laissé un ouvrage complet sur son art ?

« L'architecte, dit Vitruve (Livre I, chapitre I), doit « savoir écrire, dessiner, être instruit dans la géométrie, « n'être pas ignorant de l'optique, posséder la science « du calcul, connaître l'histoire, avoir étudié la philo- « sophie, avoir acquis des connaissances en musique,

« et quelque teinture de médecine, de jurisprudence et « d'astronomie. » Certes, il était fort raisonnable d'exiger que l'architecte reçût une instruction générale suffisante, mais nous ne nous préoccuperons pas beaucoup de ce qu'il devait savoir en philosophie, en musique, en jurisprudence,... voire même en astronomie. Ce qui nous intéresse surtout ce sont les connaissances que Vitruve réclame en géométrie et en calcul. Quelle géométrie et quels calculs sont-ils nécessaires ?

Vitruve nous répond d'abord : « La géométrie sert à prendre des alignements et à dresser toutes choses par le niveau et l'équerre. » Voilà tout ce qu'un architecte de renom, vivant à une époque où la géométrie a atteint depuis longtemps un très haut degré de développement, voilà ce que Vitruve demande à la géométrie pour l'architecte : aligner et dresser toutes choses par le niveau et l'équerre. Un apprenti maçon, sans savoir lire ni écrire, s'en tirerait à merveille.

Et le calcul ? « Le calcul, dit Vitruve, sert à régler les mesures et proportions. » Qu'entend-il sous cette forme un peu vague ? Mon Dieu, il me semble que nous pouvons en avoir quelque idée, en songeant à un menuisier à qui nous aurions commandé un meuble ; les calculs à l'aide desquels il assurera les mesures et proportions n'exigent pas, croyez-le bien, qu'il ait son diplôme de bachelier.

Et pourtant, direz-vous, ne fallait-il pas savoir exactement mesurer les surfaces et les volumes ? N'était-ce pas indispensable pour le calcul de la quantité nécessaire de matériaux et pour la fixation d'un devis, que l'architecte devait sans doute présenter d'avance ? Qu'il fût question, par exemple, d'une de ces pyramides d'Égypte, dont nous avons tous vu quelque dessin, l'architecte n'était-il pas tenu d'en connaître d'avance le volume ? — Nullement, Messieurs. D'abord, vous vous figurez aisément, je suppose, et je n'ai pas besoin d'y insister, ce que pouvait être au temps des Pharaons, cette chose que nous nommons aujourd'hui le budget de l'État. Ensuite, laissez-moi vous citer un détail fort instructif. Les Hindous, 500 ans après J.-C., ne savaient pas encore mesurer le volume d'une pyramide. Ahriabatta, leur premier mathématicien classique, donne pour expression de ce volume la moitié du produit de la base par la hauteur, au lieu du tiers [1]. N'est-ce pas le meilleur argument pour montrer que la connaissance des volumes, même les plus simples, n'a pas été indispensable à l'érection d'une quantité colossale de monuments ?

Enfin, Vitruve a parlé du dessin : n'avons-nous pas tort de négliger ici cette recommandation ? Le dessin de l'architecte ne serait-il pas scientifique plus qu'artistique ? ne serait-il pas quelque chose comme une épure savante, capable de nous révéler enfin quelque côté de la science antique, qui jusqu'ici nous eût échappé ? Par une heureuse circonstance, des inscriptions fort anciennes, en nous offrant un certain nombre d'exemples de plans d'architectes, nous permettent sur ce point autre chose que des conjectures. Les plans que l'on a retrouvés en Égypte ou en Chaldée, et dont vous trouverez la reproduction dans l'ouvrage de MM. Perrot et Chipiez, ont un caractère tout à fait enfantin ; ce sont des dessins grossiers, primitifs, où l'architecte a tâché de donner une idée de l'ensemble à l'aide de plusieurs vues différentes. Quelques-uns semblent, au premier abord, donner avec une certaine précision des coupes horizontales ; ils rappellent va-

1. Voir P. Tannery, *la Géométrie grecque*, p 11.

guement un dessin fait à main levée par un jardinier qui vous proposerait une disposition générale pour les corbeilles et les allées d'un jardin. La plupart des objets sont plutôt rabattus que projetés, et ils ne sont même pas tous rabattus dans le même sens. Peut-être quelque convention nous échappe-t-elle, mais à coup sûr il faut renoncer à chercher dans ces plans aucune règle véritablement mathématique. « Il n'est pas « toujours facile d'y retrouver, disent MM. Perrot et « Chipiez, sous les formes toutes conventionnelles de « la figuration, les formes réelles des bâtiments et la « disposition de leurs différentes parties. Ce qu'il im- « porte de comprendre, c'est le sentiment auquel obéis- « sait la main du dessinateur, quand elle traçait sur « les parois d'une hypogée des représentations de « cette espèce. Ce sentiment, c'était le très vif désir de « tout montrer à la fois, de montrer dans un seul « coup d'œil, et dans une image unique, ce qui dans « la réalité n'est aperçu que séparément et successive- « ment, comme les deux faces opposées d'un édifice, « comme son aspect extérieur avec sa distribution in- « térieure et tout ce qu'il contient. C'est l'idée de l'en- « fant qui, s'essayant à figurer une tête de profil, s'obs- « tine à y mettre deux oreilles, parce qu'après tout, « quand il regarde un visage, il voit toujours deux « oreilles s'en détacher et former saillie à droite et à « gauche des joues[1]. » Et encore nos auteurs accordent-ils aux Égyptiens un certain sentiment de la proportion ; quant aux Chaldéens et aux Assyriens, leurs procédés semblent plus primitifs et plus enfantins, si c'est possible.

Que reste-t-il alors des connaissances scientifiques que

1. Tome I, p. 451.

nous devions attribuer aux architectes de l'antiquité ?

Vitruve, vous l'avez remarqué peut-être, ne mentionne pas les connaissances en mécanique. Son silence est déjà pour nous significatif : si peu que l'on sût de mécanique de son temps, vous supposez comme moi qu'on en savait moins sans doute, mille ou deux mille ans plus tôt. — Du reste, nous savons positivement que les Grecs ont montré une ignorance presque complète de la mécanique théorique. C'est à peine si Archimède, de qui elle date vraiment, commence à élaborer les premières notions par ses études sur la composition des forces parallèles, le centre de gravité, l'équilibre des corps flottants. Au IVe siècle après J.-C., Pappus nous offre une théorie complètement inexacte du plan incliné. Vous savez comme moi cependant que l'architecture grecque, puis l'architecture romaine, ont eu une brillante histoire entre le VIe siècle avant J.-C. et le IVe après. Cela ne prouve rien pour les Égyptiens directement, mais démontre de la façon la plus péremptoire que la mécanique théorique n'était pas plus indispensable qu'une savante géométrie à l'architecture ancienne.

Reste, il est vrai, la mécanique pratique. Comment les anciens auraient-ils construit les monuments colossaux qui nous ont été conservés, s'ils n'avaient eu pour leur usage de puissantes machines ? Voilà la pensée qui vient naturellement à l'esprit de tous. Eh bien, je vous demanderai d'abord de remarquer que même si les anciens ont eu à leur disposition des engins puissants, nous devrons admirer leur ingéniosité, leur habileté pratique qui les aurait conduits à les inventer, beaucoup plus que leur science. Mais hélas, je crains bien qu'il ne nous faille ici même perdre encore une de nos illusions !

Assurément les Égyptiens et les Chaldéens ont usé du levier : l'enfant, qui veut soulever une pierre un peu lourde, se servira instinctivement de son bâton, s'il peut trouver un point d'appui ; l'ingéniosité même ici n'a pas besoin d'être bien grande. Ils ont très probablement utilisé le plan incliné et quelques appareils peut-être inconnus de nous. Mais, en tous cas, les inscriptions de l'Égypte et de la Chaldée nous ont révélé aujourd'hui le plus puissant des moyens dont ils disposaient.

A El-Bercheh, en Égypte, on a trouvé une peinture datant de la XIIe dynastie, qui montre 172 hommes, disposés deux à deux sur quatre rangs, tirant avec des câbles un traîneau sur lequel on a fixé une énorme statue : l'ingénieur qui dirige le travail est debout sur les genoux du colosse et marque la mesure en frappant des mains [1]. — L'épitaphe d'un haut personnage de la VIe dynastie mentionne, parmi les services rendus par le mort, le transport à Memphis d'un monolithe, pour lequel 3.000 hommes ont été employés. M. Perrot nous dit encore que 2.000 hommes ont été occupés pendant trois ans à transporter, pour Amasis, une chapelle monolithe qui devait peser 4.800 kilogr. En Chaldée et en Assyrie, nous trouvons des exemples analogues. Tout au plus faut-il remarquer l'emploi du levier, nettement indiqué, pour mettre en branle la pièce à transporter, la présence de rouleaux huilés sur lesquels elle glisse, et enfin un usage plus judicieux de la force humaine : ainsi les hommes tirent sur les câbles à l'aide de cordes qui leur sont attachées aux épaules, au lieu de tenir, comme en Égypte, le câble dans les mains. Vous pourrez voir dans le IIe volume de l'ou-

1. *Histoire de l'Art*, Perrot et Chipiez, t. I. Les matériaux.

vrage de MM. Perrot et Chipiez, la description d'un bas-relief du palais de Sennacherib, fort instructif à cet égard. Il représente, dans ses diverses phases, le transport d'un taureau.

« Un jour, dit M. Maxime Ducamp [1], j'étais assis sur « les architraves qui relient les colonnes de la salle hy-« postyle à Thèbes, et je regardais cette forêt de pierres « germée sous mes pieds. Involontairement je m'écriai : « Mais comment donc ont-ils fait tout cela ? » — « Mon drogman Joseph, qui est un grand philosophe, « entendit mon exclamation et se mit à rire. Il me toucha « le bras, et, me montrant un palmier qui se balan-« çait au loin, il me dit : « Voilà avec quoi ils ont fait « tout cela. Savez-vous, signor ? avec 100.000 branches « de palmier cassées sur le dos de gens qui ont toujours « les épaules nues, on bâtit bien des palais et des tem-« ples par-dessus le marché ! » — Concluons, avec M. Maxime Ducamp, que Joseph pourrait bien avoir raison. — Et Joseph ne savait pas le grec ! S'il s'était douté que ce mot *architecte*, formé en grec six ou sept siècles avant notre ère, désigne non pas le savant, le mathématicien, le géomètre, ni même l'artiste, mais tout simplement *celui qui commande aux ouvriers* (ἄρχω je commande, et τέκτων, ouvrier) comme il eût été satisfait de son explication ! Nous nous en tiendrons donc, si vous voulez, à son opinion, et nous passerons, sans plus tarder, aux connaissances astronomiques de l'Orient.

Si je voulais vous énumérer toutes les suppositions qu'autorisent sur l'astronomie ancienne les livres à

1. J'emprunte cette citation à l'ouvrage de MM Perrot et Chipiez.

consulter, les Syria Vedanta, dans l'Inde, — l'histoire de Bérose, dont quelques fragments sont conservés, pour la Chaldée, — plusieurs livres d'annales, en Chine, traduits par les missionnaires ou par Ed. Biot, — Diodore, Jamblique, Diogène, Laerce, Cléomède, sans compter Plutarque et Cicéron, — et bien d'autres encore, qui parlent soit d'après des ouvrages disparus, soit, le plus souvent, d'après d'anciennes traditions, — et Bailly qui, à force d'interprétations et de déductions, fait en 1780, du fond de son cabinet de travail, des quantités de découvertes sur l'astronomie de deux à trois mille ans avant J.-C., vous comprenez que je ne finirais pas ; et, de plus, je craindrais de troubler considérablement vos idées. Je me contenterai de vous indiquer, le plus brièvement possible, quelles seraient les conclusions d'une pareille étude, me bornant aux points pour lesquels l'opinion peut se fixer sur des témoignages positifs.

Depuis des temps immémoriaux, Égyptiens, Chaldéens, Phéniciens, Hébreux, Hindous, Chinois et Grecs même, d'avant le VIIe siècle (Hésiode et Homère nous en donnent la preuve), avaient remarqué dans le ciel des étoiles particulières et des constellations qu'ils utilisaient pour s'orienter en mer. Tous ont connu le mouvement de la sphère céleste d'Orient en Occident. Tous enfin ont été frappés de ce fait que quelques planètes, et surtout le soleil et la lune, se déplacent d'un mouvement qui leur est propre sur la sphère céleste, — et ont déterminé sur celle-ci avec plus ou moins de précision l'écliptique, c'est-à-dire le chemin que décrit annuellement le soleil.

La nécessité de mesurer le temps et de réglementer les principaux événements de leur vie les a tous conduits à se faire un calendrier, fondé sur les mouvements du soleil et de la lune. Les notions de jour, de mois ou lunaison, et d'année, durée de la révolution solaire, remontent à une antiquité que nous ne pouvons pas soupçonner. Ou bien l'année se compose d'un certain nombre de lunaisons de 28, 29, 30 jours, de façon à faire un total de 354 à 360 jours, et alors on intercale des mois de temps en temps, pour ne pas trop s'écarter, au bout du compte, du mouvement révolutif du soleil : c'est le cas pour les Hébreux et pour les Chaldéens, à qui du reste les Hébreux purent emprunter leur calendrier primitif. Ou bien, comme en témoignent les plus vieux monuments égyptiens, l'année se compose de 36 décades, de 10 jours chacune, ce qui fait 360 jours, auxquels on ajoute 5 jours complémentaires, les jours *épagomènes* : c'est l'année *vague* des Égyptiens. Vous savez que la durée de la révolution solaire est d'environ 365 jours 1/4, de sorte que l'année vague égyptienne est un peu trop courte. Si le soleil s'est levé une fois, le premier jour de l'an, en même temps qu'une étoile connue, Sirius, — (cette étoile joue un rôle dans les mythes religieux des Égyptiens) — au bout de 4 ans, le lever héliaque de Sirius ne se produit que le deuxième jour de l'année ; au bout de 8 ans, il ne se produit que le troisième, et ainsi de suite. Une grande fête signalait cette circonstance chez les Égyptiens : vous comprenez comment sa date parcourait successivement tous les jours de l'année, tous les mois et toutes les saisons, qui se trouvaient tour à tour bénies, d'après les rites égyptiens. Le lever héliaque devait retomber au premier jour de l'an, au bout d'un nombre d'années dont le calcul est d'une facilité enfantine ; il suffit de multiplier 365 par 4, ce qui donne 1460 ans. C'est là cette période *sothiaque* (Sothis est le nom égyptien de Sirius), dont on a tant parlé. Il n'est pas démontré que les Égyptiens d'avant le VIIe siècle l'aient connue, mais au fond la question n'a pas pour nous une bien grande importance.

Il est difficile de dire quand et où, pour la première fois, on a songé à considérer la ligne nord-sud, en un lieu, autrement dit, la trace sur l'horizon du lieu du plan méridien, de ce plan vertical qui partage en deux parties symétriques les arcs décrits chaque jour par les étoiles au-dessus de l'horizon. Les livres chinois nous donnent l'indication du procédé, sans doute bien ancien, qui permettait de tracer la méridienne ; il consiste à bissecter l'angle des directions que suit, le matin et le soir, quand le soleil se lève et quand il se couche, l'ombre d'un *gnomon*, c'est-à-dire tout simplement d'une tige verticale. Cela est fort simple, et il ne faut pas trop s'extasier sur la science égyptienne, par exemple, sous prétexte que les pyramides sont orientées [1].

D'autre part, les papyrus ne laissent pas de doute sur la connaissance fort ancienne des solstices et des équinoxes, et rien ne fait croire que dans tout l'Orient les témoignages de la tradition puissent être suspects à cet égard. Le gnomon, je l'ai dit, est mentionné dans les livres chinois ; il l'est également dans les livres hindous, et nous ne risquons pas beaucoup d'affirmer qu'il fut utilisé aussi en Égypte et en Chaldée. En tous cas, il est presque impossible à des gens, vivant au soleil beaucoup plus que nous aujourd'hui, de n'avoir pas remarqué, dans le courant de l'année, les variations

1. On a cru longtemps que ces antiques monuments avaient été destinés par leurs constructeurs, à l'observation du ciel. Nous savons positivement aujourd'hui que ce sont des tombeaux royaux orientés, parce que l'orientation des tombeaux se rattache aux mythes religieux de l'Égypte.

de l'ombre fournie par un objet vertical quelconque, une tige, un arbre, une tour, une statue. Les jours des solstices, ceux où le soleil cesse de monter vers le nord pour redescendre, ou inversement, sont les jours où l'ombre, à midi, a la plus grande ou la plus petite longueur de l'année. Les époques des équinoxes, c'est-à-dire des passages du soleil de l'hémisphère austral dans l'hémisphère boréal ou inversement, pouvaient se déduire de celles des solstices par une approximation grossière, et d'ailleurs fondée sur un principe inexact, en partageant en deux parties égales les périodes de six mois qui séparent deux solstices. — Ou bien encore l'observation directe d'un équinoxe pouvait, sans science aucune, se faire à peu près exactement, si les faces de quelque monument étaient orientées au nord et au sud, de telle sorte qu'on pût saisir l'instant de l'année où chacune des faces était nouvellement éclairée par le soleil levant ou couchant. Or, c'est justement ce qui arrivait pour les pyramides d'Égypte.

Pour que vous ne pensiez pas, Messieurs, que je dissimule, pour les besoins de la cause, les difficultés des problèmes, laissez-moi vous conter, au sujet précisément de l'observation des équinoxes à l'aide des pyramides, l'anecdote significative que voici. Biot, dans un mémoire lu à l'Académie des Sciences et à l'Académie des Inscriptions et Belles-Lettres, dit un jour : « La « pyramide de Memphis, depuis qu'elle existe, a fait « l'office d'un immense gnomon, qui, par l'apparition « et la disparition de la lumière solaire sur les di- « verses faces, autrefois complètement polies, a marqué « les époques annuelles des équinoxes et des solstices « avec une certaine approximation. » Et il demandait ensuite « s'il est croyable que des déterminations aussi « simples eussent échappé aux prêtres de Memphis ».

Les membres de l'Académie des Sciences virent sans peine la simplicité de l'opération, mais dans l'autre Académie, on se montra sceptique. Biot eut alors l'idée d'écrire à Mariette, qui venait justement d'arriver en Égypte. C'était un amateur zélé d'antiquités, mais, en tous cas, un homme que la nature de ses occupations avait tenu en dehors de toute étude astronomique. On était au commencement du mois de mars 1853 : Biot lui demanda de vouloir bien observer à Memphis l'équinoxe de printemps, lui expliquant en deux mots comment il devait s'y prendre.

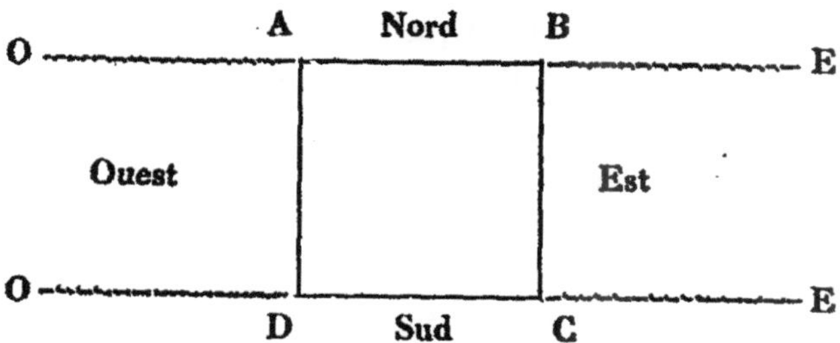

Vous le voyez sans peine : ABCD étant la base de la pyramide orientée comme l'indique la figure, un observateur placé sur la ligne CD voit, avant l'équinoxe, — c'est-à-dire tant que le soleil est encore dans l'hémisphère sud, — le soleil se coucher, par exemple, sur le prolongement de C D, de telle sorte que son disque se montre nettement à sa gauche, éclairant la face sud de la pyramide. Au bout de quelques jours, l'observateur, dans les mêmes conditions, ne voit plus qu'une partie du disque, et la face nord commence à s'éclairer : le soleil passe dans l'hémisphère nord. — Mariette s'exécuta de bonne grâce et fixa l'instant de l'équinoxe à 29 heures près. Des observateurs un peu plus expérimentés, mais sans plus de science, auraient facilement atteint une approximation plus grande. Mais ce n'est pas tout. Dans la lettre où il rendait compte de son observation, Mariette disait : « Les habitants de tous « les villages avoisinant les pyramides savent parfai- « tement que, le jour de l'équinoxe, le soleil se couche « à l'horizon occidental dans une position telle que son « disque s'aperçoit sur le prolongement d'une des faces « boréale ou australe. Les habitants du village de « Koneisseh, en particulier, sont plus accoutumés que « d'autres à déterminer les équinoxes, parce que, à ces « deux époques de l'année, un quart d'heure avant le « coucher du soleil, l'ombre de la grande pyramide, « qui s'étend à plus de 3 kilomètres, dirige sa pointe « sur une pierre de granit, située un peu au nord de « leur village, ce que leur cheik m'a signalé comme un « fait bien connu d'eux. » Ainsi, dirons-nous, avec Biot, voilà de pauvres Bédouins du désert, ne sachant ni lire ni écrire, qui font annuellement pour leur usage des observations d'équinoxes[1] !

Si j'ai insisté sur cette question des observations de solstices et d'équinoxes, c'est qu'elle a donné lieu à de longues discussions. Delambre refuse d'y croire, sous prétexte que Ptolémée n'en cite aucune qu'il emprunte aux Égyptiens ou aux Chaldéens. Ce n'est pas là un argument suffisant. Ptolémée ne cite que six observations chaldéennes d'éclipses, et nous savons d'une façon incontestable aujourd'hui que les Chaldéens, Égyptiens et tous les peuples d'Orient en ont observé, de temps immémoriaux. La vérité sur toutes ces questions, c'est que, sans posséder une science proprement dite, sans instruments spéciaux, il est beaucoup plus facile qu'on ne pense de faire des observations astrono-

1. *Études sur l'Astronomie indienne et chinoise*, par J.-B. Biot, Introduction (XLI-XLIV).

miques, pourvu bien entendu qu'on n'exige pas une précision idéale. Je dis sans instruments spéciaux, ce n'était pas tout à fait le cas des anciens. J'ai déjà cité le gnomon ; ajoutons la clepsydre, ou horloge à eau, qui mesurait le temps par l'écoulement de l'eau [1].

1. Il est impossible de dire à quelle époque doit remonter l'usage de la clepsydre, pour mesurer le temps. L'appareil antique dut consister simplement en un vase, d'où l'eau s'écoulait par un trou, et l'hypothèse que des quantités égales de liquide s'écoulent dans des temps égaux suffisait pour en faire des horloges. Le procédé était assez grossier. Faut-il supposer avec Bailly qu'il put se corriger déjà entre les mains des Chaldéens, grâce à la précaution de remplacer sans cesse l'eau écoulée, et de maintenir ainsi le niveau à peu près constant ?... Quoi qu il en soit, la clepsydre fut d'un très grand usage chez les Grecs, qui l'héritèrent des Orientaux, puis à Rome, où elle fut introduite, dit-on, par Scipion Nasica. Vitruve nous donne la description d'un appareil déjà très perfectionné, dû à l'alexandrin Ctésibius. En 807, le Calife Haroun Al Raschid envoya à Charlemagne une clepsydre où un mécanisme ingénieux faisait sonner les heures. L'horloge à eau reçut du reste au moyen âge, et jusqu'au XVIIe siècle, mille formes et modifications diverses. Aujourd'hui encore les Hindous se servent parfois, pour mesurer le temps, d'un appareil curieux. Il consiste en un fragment de boule creuse en cuivre, percé, au-dessous, d'une ouverture très petite. On le place sur l'eau, il se remplit peu à peu, et jusqu'au moment où il s'enfonce, un temps déterminé s'écoule. [Voir Cantor, *Vorlesungen*, t. I, p. 83.]

Pour en revenir aux anciens, et particulièrement aux Chaldéens, le principal problème astronomique, auquel ait servi la clepsydre, semble avoir été la division du zodiaque. La méthode est attribuée aux Chaldéens par Sextus Empiricus, Macrobe l'attribue aux Egyptiens, — (ce qui fait dire à Bailly qu'ils la tenaient donc les uns et les autres d'un peuple antérieur). — Elle consiste à diviser d'abord, à l'aide de la clepsydre, en un certain nombre de parties égales, l'intervalle de temps qui s'écoule entre deux levers successifs d'une même étoile, c'est-à-dire la durée de la rotation diurne ; puis à observer la portion d'écliptique qui se lève pendant une des divisions fournies par la clepsydre. En supposant qu'en des temps égaux se lèveront des arcs égaux d'écliptique, on obtient par ce procédé des fractions connues de ce grand cercle. Il est évident que, l'écliptique étant inclinée sur l'équateur, la méthode n'est qu'approximative. Quoi qu'il en soit, les Chaldéens purent ainsi

J'arrive, Messieurs, à la question qui a toujours joué le rôle capital dans toutes les discussions sur l'astronomie ancienne, à celle des éclipses. Personne ne

repérer sur l'écliptique, divisée en 360 degrés, les principales étoiles qui en font partie.

Enfin, la clepsydre semble avoir été utilisée de bonne heure pour une première évaluation du diamètre apparent du soleil. A l'instant où le soleil commençait à paraître à l'horizon, on laissait couler l'eau dans un vase jusqu'à ce que le soleil fût levé tout entier. L'eau coulait ensuite dans un autre vase tout le reste des 24 heures. Le rapport des deux quantités d'eau donnait facilement le diamètre apparent.

La clepsydre n'a certainement pas été le seul instrument que les anciens peuples aient utilisé pour mesurer le temps. Le cadran solaire a lui aussi une antiquité qu'il est impossible d'apprécier. La Bible [Rois, IV] mentionne, comme un miracle de Dieu, en faveur d'Ezéchias, le recul de l'ombre de dix degrés sur le cadran d'Achaz. Quelle pouvait être la forme de ce cadran, qu'étaient ces degrés, dont il est question ? Nous ne pouvons le dire. Les premiers cadrans solaires durent se composer simplement d'un gnomon, c'est-à-dire d'une tige verticale dressée sur un plan horizontal.

Hérodote mentionne chez les Babyloniens l'usage du *polos*. C'était une demi-sphère concave installée horizontalement. La pointe d'un style, ou un globule suspendu d'une manière quelconque, occupe le centre et projette son ombre le long d'un parallèle, à mesure que le soleil parcourt son chemin au-dessus de l'horizon. L'arc ainsi décrit par l'ombre était divisé en 12 parties égales. Il va sans dire que ces heures n'avaient pas la même durée aux diverses époques de l'année.

Le polos ainsi constitué ne pouvait être utilisé que le jour. Les Grecs ont connu depuis Eudoxe et, en tous cas, utilisé depuis Hipparque, un polos perfectionné donnant l'heure la nuit, et dont l'idée peut très bien remonter aux Chaldéens eux-mêmes. [Cf. Paul Tannery, *la Science hellène*, p 82, et son article Astronomie ancienne de la *Grande Encyclopédie*.] Imaginons une sphère mobile qui peut se déplacer à l'intérieur du polos, et sur laquelle sont indiquées les positions des principales étoiles du zodiaque. Supposons en outre l'écliptique divisée en 360 degrés. On saura pour chaque jour de l'année quel degré occupe le soleil sur ce grand cercle. Au moment de la nuit, où on voudra savoir l'heure, il suffira de disposer la sphère mobile de telle façon que certaine étoile du zodiaque soit à l'horizon, ou au méridien, comme le montrera à cet songe plus à nier que les Égyptiens, les Chinois, les Chaldéens surtout ont observé des éclipses et cherché à les prédire.

Certes nous ne croirons pas sur parole les Babyloniens qui, d'après Cicéron et Diodore, prétendaient observer le ciel depuis 470.000 ans, — pas plus que Jamblique parlant de 72.000 ans d'observations des Assyriens. Simplicius donne 2.000 ans d'observations aux Égyptiens, et un peu plus aux Chaldéens, ce qui est déjà raisonnable, et les livres chinois nous citent une éclipse qui se placerait 2.159 ans avant notre ère. Quoi qu'il en soit de ces chiffres, le seul fait intéressant et certain est que depuis longtemps tous ces peuples ont observé régulièrement les phénomènes célestes, et surtout les éclipses. Avec quelle précision ces observations étaient-elles enregistrées ? Nous pouvons nous en rendre compte. Ptolémée nous a conservé six observations chaldéennes d'éclipses de lune. « Tel jour, disait-on, « à deux heures avant minuit, ou une heure après le « coucher du soleil, la lune a été éclipsée, au nord ou « au sud, de la moitié ou du quart de son diamètre. » Je n'ai pas besoin d'insister sur la facilité de pareilles observations : n'importe lequel d'entre nous pourrait par un beau ciel, et sans le secours d'aucun instrument, en faire de semblables.

Mais on n'observait pas seulement, on prédisait les éclipses ! Comment était-ce possible? Nous sommes bien sûrs que notre explication du phénomène ne fut pas

instant une observation directe : on verra où vient sur la sphère creuse le point de la sphère mobile qui ce jour-là tient la place du soleil, et on en déduira l'heure sans difficulté. — Chez les Grecs, les deux sphères seront remplacées par deux pièces planes représentant les projections stéréographiques des sphères, et l'appareil portera le nom d'*astrolabe*.

connue des Orientaux, car nous assisterons pendant deux siècles au moins, après qu'ils auront transmis leurs connaissances aux Grecs, aux tâtonnements des astronomes pour découvrir la cause physique des éclipses, et nous verrons les Grecs constituer peu à peu la théorie du phénomène, depuis Anaximène jusqu'à Eudoxe de Cnide et Aristarque de Samos. De plus, rien n'est plus simple que de comprendre comment on a pu se passer de la théorie scientifique du phénomène. Si les Égyptiens et Chaldéens ont vraiment observé et noté les éclipses depuis si longtemps, comment n'auraient-ils pas remarqué qu'au bout de 18 ans environ les éclipses de soleil et de lune se reproduisent périodiquement dans le même ordre ? C'est là la fameuse période de 223 lunaisons, très probablement connue dans tout l'Orient et en Égypte. La constatation de cette périodicité pouvait se faire de plusieurs manières. Ou bien elle se dégageait tout naïvement d'un registre d'observations suffisamment copieux : à la seule vue du registre on pouvait être frappé du retour régulier, après des intervalles déterminés, des mêmes éclipses aux mêmes dates. Ou bien on se laissait guider par quelques remarques un peu moins naïves, mais bien éloignées encore de la théorie du phénomène. Les éclipses de lune ou de soleil ne se produisent jamais que lorsque la lune est très voisine de l'écliptique (nom qui précisément rappelle ce fait). La lune occupe alors à très peu près l'un des points où son orbite coupe l'écliptique, l'autre point diamétralement opposé étant occupé par le soleil, quand c'est elle qui s'éclipse. Eh bien, il est impossible que les Chaldéens n'aient pas constaté que ces deux points, ou *nœuds* de l'orbite lunaire, ne sont pas fixes ; que le diamètre qui les joint tourne d'un mouvement rétrograde uniforme, de façon à coïncider successivement avec tous les diamètres de l'écliptique et à faire un tour complet en 18 ans environ. Au bout de cette période, les positions respectives de la lune et du soleil par rapport à nous seront redevenues les mêmes, et les éclipses des 18 années précédentes se reproduiront dans le même ordre, et aux mêmes intervalles [1].

Du reste, ne croyez pas que les prédictions se fissent avec une précision rigoureuse. Les dates des phénomènes annoncés n'étaient données qu'à peu près. Thalès, qui rapportait probablement d'Égypte ce qu'il savait d'astronomie, n'avait fait après tout, d'après le témoignage d'Hérodote (Histoires, I, 74), que fixer *l'année* de l'éclipse. La grosse question, — question parfois de vie ou de mort pour ceux qui en étaient chargés, puisque en Chine la tradition veut que les astronomes Hi et Ho aient été condamnés à mort pour n'avoir pas prédit l'éclipse de 2159, — la grosse question était qu'une éclipse ne se produisît pas sans être annoncée. Elle surprenait moins alors, et la terreur qu'elle inspirait se trouvait atténuée. On en prédisait donc beaucoup, et, dans le tas, un certain nombre se produisaient. Celles qui ne se produisaient pas passaient inaperçues, ou, en tous cas, l'erreur des astronomes causait une telle joie, qu'on ne songeait pas à s'en plaindre. Quant aux autres, pour peu que l'époque ne fût indiquée qu'approximativement, on avait bien des chances de ne pas paraître se tromper. Voici, à ce sujet, un texte cunéiforme, déchiffré par M. Smith, qui me semble assez instructif [2] :

« Au roi mon Seigneur, son serviteur Abil-Istar.

1. Sans être nécessairement visibles des mêmes points de la surface terrestre.

2. Paul Tannery, *Pour la Science hellène*, p. 57.

« Que la paix protège mon Seigneur ; que Nébo et « Merodak lui soient favorables ; que les dieux lui « accordent longue vie, santé et joie ! En ce qui regarde « l'éclipse de lune, pour laquelle le roi mon Seigneur a « envoyé dans les villes d'Akkad, de Borsippa et de « Nipour, j'ai fait l'observation dans la ville d'Akkad ; « l'éclipse a eu lieu ; et je l'annonce à mon Seigneur. « Pour l'éclipse de soleil, j'ai fait aussi l'observation ; « l'éclipse n'a pas eu lieu et j'en rends de même « compte à mon Seigneur. L'éclipse de lune qui se « vérifie regarde les Hittites et signifie destruction « pour la Phénicie et les Chaldéens. Notre Seigneur « aura paix, et pour lui l'observation n'indique aucune « disgrâce. Que la gloire accompagne mon Seigneur ! »

Certes on ne peut nier que ces premiers éléments d'astronomie ne soient déjà de la science : ils la préparent tout au moins, et Hipparque et plus tard Ptolémée sauront utiliser les observations des Chaldéens. Mais enfin vous sentez bien quelle était la préoccupation des prêtres orientaux, interrogeant le ciel durant des siècles. Leur principal souci n'est pas de savoir par amour de la vérité, mais d'appliquer leurs découvertes aux événements de la vie terrestre. Pour eux, il y a un lien étroit entre le cours des astres et tout ce qui arrive ici-bas : ce n'est pas de *l'astronomie* qu'ils font, c'est de *l'astrologie*. En particulier les éclipses sont, aux yeux des Orientaux, des présages d'une telle importance que leur observation, loin d'être suggérée par l'amour de la science, est imposée par les lois, et les détails en sont parfois l'objet d'une réglementation spéciale. Voici, par exemple, d'après les *Annales de la Chine*, le cérémonial (qu'on suivait encore au siècle dernier) pour l'observation d'une éclipse : « Quelques jours avant « l'éclipse, le Tribunal des Rites fait placer une affiche

« en gros caractères dans un lieu public de Pékin. Les « mandarins de tous les ordres sont avertis de se « rendre, revêtus des habits et des marques de leurs « dignités, dans la cour du Tribunal des Mathémati- « ques pour y attendre le moment où le phénomène « aura lieu. Au moment où l'on s'aperçoit que le soleil « ou la lune commence à s'obscurcir, tous se jettent à « genoux et frappent la terre de leur front. Aussitôt on « entend s'élever de toute la ville un bruit épouvan- « table de tambours et de timbales, restes de l'ancienne « persuasion où étaient les Chinois que par ce tinta- « marre ils secouraient l'astre souffrant et l'empêchaient « d'être dévoré par le dragon céleste. Le même céré- « monial se pratique dans tout l'empire [1]. »

Eh bien donc, Messieurs, le sentiment qui présida à ces longues observations ou à ces prédictions de phénomènes célestes, ne doit pas être confondu par nous avec cette soif de science que nous trouverons chez les Grecs. D'ailleurs, plus les partisans à outrance de la science orientale insisteront sur son ancienneté, plus nous aurons le droit d'être surpris qu'elle soit restée impuissante à expliquer des phénomènes tels que les phases de la lune et les éclipses, — à donner l'idée de la forme sphérique de la terre ; — à constater l'anomalie du mouvement solaire, la précession des équinoxes ; bref, nous comprendrons difficilement que des milliers d'années n'aient pas suffi à créer le plus petit chapitre de l'œuvre que la science grecque va accomplir en quelques siècles.

Les connaissances de l'Orient en chimie ne sont peut-être pas négligeables. Le nom même de cette

1. *Annales de la Chine*, trad. par le P. Moyriac de Mailla, t. XIII, p. 733.

science, suivant quelques égyptologues, prouverait que la vieille Égypte fut son berceau. Quoi qu'il en soit, nous pouvons affirmer que là, comme dans tout l'Orient, on a de bonne heure possédé une série de procédés pratiques relatifs à l'industrie des métaux, des bronzes, des verres, des émaux. On a connu, en Égypte particulièrement, d'excellents procédés pour conserver les corps : il y a au Louvre des momies dont la peau n'a pas été altérée après des milliers d'années. Tout cela, c'est de la chimie, si on veut, — comme l'emploi de quelques remèdes empiriques sera de la médecine.

Bien que je n'aie pas l'intention de vous parler de la médecine grecque, que créera Hippocrate de Cos, — encore un Ionien, — laissez-moi vous dire que nous possédons un véritable traité de médecine égyptienne. C'est un manuscrit qui fait partie de la collection de Berlin et date de la XIXe dynastie. L'original, dont il est une reproduction sans doute modifiée, remonterait à la IIe dynastie, et daterait, par conséquent, de trois ou quatre mille ans avant J.-C. A cause de son ancienneté même, pense M. Maspero, ce traité était en grand honneur dans les écoles égyptiennes et devait « faire partie de cette fameuse bibliothèque médicale « de Memphis, qui, même au temps des empereurs « romains, fournissait des remèdes aux médecins « grecs [1] ». M. Maspero résume ce manuscrit dans son livre sur l'histoire des peuples de l'Orient [2]. Vous

1. Maspero, *Histoire des Peuples de l'Orient*, p. 82.

2. « Les médicaments indiqués, dit M. Maspero, sont de quatre « sortes : pommades, potions, cataplasmes et clystères. Ils sont « composés chacun d'un assez grand nombre de substances « empruntées à tous les règnes de la nature. On y trouve citées « plus de cinquante espèces de végétaux, depuis des herbes et « des broussailles jusqu'à des arbres, comme le cèdre, dont la « sciure et les copeaux passaient pour avoir des propriétés léni-

pourrez vous convaincre, en lisant ce résumé, qu'en médecine, comme dans tous les autres domaines scientifiques, on ne trouve en somme que préoccupations pratiques, recettes, procédés, formules de routine.

Enfin, trouverons-nous trace, dans l'Orient, de quelque tentative d'explication scientifique de l'univers ? Nous ne rencontrerons, vous le devinez, que des cosmogonies religieuses, dont la formule sera immuablement fixée par des livres sacrés. C'est presque un contresens que d'y chercher des traces de science. On peut cependant, je crois, faire une remarque intéressante à propos même de ces cosmogonies. Les savants semblent d'accord sur ce point qu'aucune d'elles, n'implique l'idée de création absolue : ce serait là une notion relativement récente. Je n'hésite donc pas, pour ma part, à voir dans la formation même de ces cosmogonies une tendance à satisfaire ce besoin inné chez l'homme de ramener indéfiniment les phénomènes les uns aux autres, ce qui est le principe même de l'explication

« tives, le sycomore et maints autres, dont nous ne comprenons « plus les noms antiques. Viennent ensuite des substances miné« rales .. La chair vive. le cœur, le foie. le fiel, le sang frais et « desséché de divers animaux, le poil et la corne de cerf, jouaient « un grand rôle dans la confection de certains onguents. Mais les « maladies n'avaient pas toujours une origine naturelle : elles « étaient souvent produites par des esprits malfaisants qui entraient « dans le corps de l'homme et trahissaient leur présence par des « désordres plus ou moins graves. En traitant les effets extérieurs, « on parvenait tout au plus à soulager le patient. Pour arriver à « la guérison complète, il fallait supprimer la cause première de « la maladie en éloignant par des prières l'esprit possesseur. Aussi « une ordonnance de médecin se composait-elle de deux parties : « d'une formule magique et d'une formule médicale. L'invocation « magique passait pour anéantir la cause mystérieuse ; le traite« ment combattait *les manifestations* visibles du *mal.* » (Maspero, p. 84-85.)

scientifique. Mais il est clair que la tentative d'explication reste tout entière ici dans l'intention : le merveilleux se mêle bien vite au naturel, de sorte qu'on ne peut songer sérieusement à voir dans ces cosmologies œuvre de science.

En dehors de la philosophie religieuse, existe-t-il des écoles de penseurs indépendants ? La question ne peut vraiment se poser que pour l'Inde. On y connaît en effet quelques systèmes philosophiques, tels que le Sankya, le Nyava, le Vedenta. Mais des recherches récentes ont définitivement établi que ce sont là des systèmes formés après Bouddha, c'est-à-dire après le VIe siècle, dont le but a été précisément de concilier les croyances nouvelles et les anciennes [1] ; enfin, ce sont des méditations philosophiques sur l'âme et sur Dieu, et non pas des synthèses explicatives de l'univers physique, comme le seront les philosophies grecques.

En résumé, Messieurs, s'il est inexact de dire que la science n'ait pas eu ses commencements chez les peuples orientaux, s'il faut reconnaître que, dans tous les domaines, les premières données rudimentaires ont été amassées au cours des siècles par les vieilles civilisations pour être transmises aux Grecs, nous devons déclarer en même temps que ces données n'ont pas dépassé le minimum que devaient fatalement faire naître, chez des peuples civilisés, les nécessités de l'existence ou les croyances astrologiques invétérées de tous les hommes primitifs. Nous ne trouvons qu'un ensemble de préoccupations et de procédés pratiques,

1. Voir la préface de M. Barthélemy Saint-Hilaire (*les Origines de la philosophie grecque*) à la traduction du *Traité de la Génération et de la Destruction*, d'Aristote.

n'indiquant pas que l'idée de la science pure se soit vraiment affirmée.

Voilà du moins où nous conduit une consultation directe des connaissances que nous pouvons positivement attribuer à la science orientale.

Mais, me direz-vous, cette consultation est-elle bien décisive ? Tant d'œuvres ont pu disparaître, sans laisser de traces, depuis ces temps reculés, et même avant que les Grecs aient pu les connaître ! Pour ne citer qu'un exemple, le plus important d'ailleurs de ce genre, nous savons bien, d'après le témoignage d'Hérodote, à quel point Cambyse maltraita l'Égypte, juste au moment où les premiers penseurs grecs commençaient à y arriver. Qui peut dire jusqu'où allèrent les ravages des Perses ? — Letronne, dans une étude complète sur l'Égypte après Cambyse, a établi que ces ravages ont été considérablement exagérés, je vous y renvoie, si cela vous intéresse ; et je réponds de mon côté à la question plus générale : les documents que nous possédons comptent-ils pour quelque chose, près de tous ceux qui ont pu disparaître, et les conclusions auxquelles ils nous conduisent présentent-elles un caractère suffisant de certitude ?

D'abord, Messieurs, les livres ont pu disparaître en partie, les inscriptions qui couvrent les monuments, et les innombrables papyrus, soigneusement conservés dans les tombeaux, nous ont fait véritablement pénétrer, depuis le commencement de ce siècle, dans les secrets les plus cachés de la civilisation égyptienne. Dans tous les ordres d'idées, nous avons trouvé de quoi nous éclairer, de quoi répondre à nos questions les plus indiscrètes, de quoi nous permettre de reconstituer les mœurs, les croyances, les lois des Égyptiens. Eh bien, ces moyens d'information dont nous avons été tout à coup comblés n'ont pas modifié sur la science orientale l'opinion que, dès le siècle dernier, des esprits sincères et sans parti pris se faisaient déjà d'après les anciens. Vous avouerez qu'il est douteux que quelques livres de plus ou de moins puissent apporter des documents capables de changer cette opinion.

De plus, nous avons d'autres moyens de contrôler nos conclusions. L'histoire des peuples orientaux ne s'est pas arrêtée au VIIe siècle avant J.-C. Qu'ont produit tous ces peuples dans la suite des temps ? De quoi se sont-ils montrés capables ?

Voyez l'Inde, nous y connaissons quelques mathématiciens, Ahriabatta (VIe siècle après J.-C.), Brahmagupta (VIIe siècle), Bhaskara (XIIe siècle). Durant ce long moyen âge où la science occidentale semble vouloir s'éclipser, les travaux des Hindous ont pu donner l'illusion d'un regain d'ardeur du côté de l'Orient et d'une originalité propre ; la critique moderne a dû singulièrement en rabattre et reconnaître que ces travaux ne sont probablement qu'un reflet de la science grecque qui avait pénétré dans l'Inde avec les compagnons d'Alexandre. Et quel caractère, quel tempérament ont montré les Hindous à tous ceux qui ont voyagé parmi eux ? Celui d'hommes nonchalants par nature, rêveurs, métaphysiciens nuageux peut-être, mais dépourvus de la qualité indispensable au savant : le besoin de précision et de clarté. « Si nous voulions « déterminer, dit M. Gustave Lebon, qui les a longue- « ment observés, en quoi l'Hindou des classes supé- « rieures diffère des classes européennes correspon- « dantes, nous verrions qu'il s'en distingue surtout par « le défaut de précision et d'exactitude qu'il apporte « en toutes choses, par son absence d'esprit critique, « par son manque d'initiative, par la faiblesse de son

« jugement et de son raisonnement, par l'exagération « de son imagination et par son étonnante incapacité « à voir les choses comme elles sont, défauts que ne « compensent nullement son grand pouvoir d'assimi- « lation et une certaine dose de logique : cette logique « est d'ailleurs limitée à l'aptitude à tirer d'un fait « unique toute une série de conséquences, et ne s'étend « pas jusqu'à l'aptitude, mère des jugements exacts, à « saisir les analogies et les différences qu'on peut tirer « de la comparaison de plusieurs faits. » Et ailleurs : « Les formes flottantes de la pensée des Hindous les « ont empêchés de dépasser dans les sciences exactes « la plus vulgaire médiocrité [1]. »

Pour les Chinois, je me bornerai à citer un fait que vous trouverez, je crois, significatif. Les missionnaires catholiques qui avaient pénétré en Chine ayant été adjoints au Tribunal des Mathématiques de Pékin, les Chinois protestèrent, et, vers 1630, demandèrent leur exclusion de cet antique tribunal. L'empereur fit assembler les astronomes européens et chinois et demanda à ceux-ci d'abord de désigner quelque épreuve qui pût établir clairement la supériorité des Chinois sur les Européens. Les Chinois ne surent rien proposer. Consultés à leur tour, les Européens proposèrent de calculer l'ombre que donnerait le lendemain, à midi, un certain gnomon, de hauteur connue. Aucun membre chinois du Tribunal des Mathématiques de l'empire ne put résoudre la question. Or, vous voyez de quoi il s'agit : la longueur de l'ombre méridienne est un côté de l'angle droit d'un triangle rectangle, dont l'autre est connu, et l'angle opposé à ce côté cherché est la distance zénithale méridienne du soleil ce jour-

1. *Les civilisations de l'Inde*, ch. IV, p. 192.

là. En somme, la question revient à demander la longueur d'un côté de l'angle droit d'un triangle rectangle, connaissant l'autre côté et l'angle opposé [1].

Je n'ai pas besoin, d'ailleurs, d'insister sur le caractère chinois. Vous savez comme moi l'esprit chinois attaché à la lettre même de ses traditions, au point d'être opposé à tout progrès scientifique. Il réalise assez bien le type de l'immobilité absolue, de la cristallisation intellectuelle, si vous me permettez le mot.

Les Chaldéens ont toujours passé en Grèce, et plus tard, à Rome, comme devins, sorciers, astrologues, capables de résoudre beaucoup de mystérieux problèmes, mais de les résoudre mystérieusement aussi.

Quant aux Egyptiens, au témoignage de Platon leur refusant le titre d'amis des sciences, joignons celui de l'empereur Adrien, qui, quelques siècles plus tard, écrivait d'Alexandrie à Servien : « Ville opulente, riche, productrice, où personne ne vit oisif ! Les uns soufflent le verre, les autres fabriquent le papier, d'autres sont teinturiers. Tous professent quelques métiers et l'exercent. Les goutteux trouvent de quoi faire ; les myopes ont à s'employer ; les aveugles ne sont pas sans occupation ; les manchots même ne restent point oisifs. Leur dieu unique, c'est l'argent. Voilà la divinité que chrétiens, juifs, gens de toute sorte, adorent [2]. » Alexandrie est devenue, il est vrai, à un moment donné, le centre de la science grecque, mais à cet égard il ne faut rien exagérer : Archimède a vécu à Syracuse et non à Alexandrie. Hipparque, le prédécesseur de Ptolémée dans l'achèvement de l'astronomie ancienne, a fait ses recherches à Rhodes. Reste, il est vrai, les grands

1. Hœfer, *Hist. de l'Astronomie*, p. 58.
2. Cf. Renan, l'*Eglise chrétienne*, p. 189.

noms d'Euclide et d'Apollonius, mais on sent tellement, à analyser leurs travaux, qu'ils continuent tout naturellement la tradition des siècles précédents, que leur présence à Alexandrie apparaît comme un accident et que leurs œuvres semblent dues — non à la centralisation spéciale qu'offre la capitale de l'Egypte — mais à la flamme qui brille depuis Pythagore dans l'âme des Grecs, et qu'entretiendra bien difficilement Alexandrie.

Voulez-vous avoir une idée de la manière dont les Grecs, on opposition avec l'Orient, ont compris la science? Jetez les yeux sur les fameuses pages de *la République* (livre VII) où Platon veut faire comprendre la valeur éducative des sciences mathématiques :

« J'aperçois maintenant, dit Socrate à Glaucon, « combien cette science du calcul est belle en soi et « en combien de manières elle est utile à notre projet, « pourvu qu'on l'étudie pour connaître et non pas « pour faire un négoce.

« — Comment donc l'envisages-tu ?

« — Comme je te l'ai montrée, c'est-à-dire donnant « à l'âme un puissant élan vers la région supérieure, « et l'obligeant à raisonner sur les nombres tels qu'ils « sont en eux-mêmes, sans jamais souffrir que ses « calculs roulent sur des nombres visibles et palpa- « bles... Et si on demandait : admirables calculateurs, « de quels nombres parlez-vous ? Où sont ces unités « telles que vous les supposez, parfaitement égales « entre elles, sans qu'il y ait la moindre différence, « et qui ne sont point composées de parties ? — « Mon cher Glaucon, que crois-tu qu'ils répondissent ?

« — Ils répondront, je crois, qu'ils parlent de ces « nombres qui ne tombent pas sous les sens, et qu'on « ne peut saisir autrement que par la pensée.

« — Ainsi tu vois, mon cher ami, que nous ne pou-
« vons absolument nous passer de cette science, puis-
« qu'il est évident qu'elle oblige l'âme à se servir de la
« pure intelligence pour connaître la vérité.

« — Oui, c'est bien là son caractère. »

. . . .

« Si donc la géométrie porte l'âme à contempler
« l'essence des choses, elle nous convient ; si elle s'ar-
« rête à ses accidents, elle ne nous convient pas.

« — Soit.

« — Or, la moindre teinture de géométrie ne permet
« pas de contester que cette science n'a absolument
« aucun rapport avec le langage qu'emploient ceux qui
« en font leur occupation.

« — Comment ?

« — Leur langage est plaisant, vraiment. Ils parlent
« de quarrer, de prolonger, d'ajouter, et emploient
« d'autres expressions semblables, comme s'ils opé-
« raient réellement et que toutes leurs démonstrations
« tendissent à la pratique. Mais cette science n'a, tout
« entière, d'autre objet que la connaissance.

« — Il est vrai.

« — Alors conviens encore de ceci.

« — De quoi !

« — Qu'elle a pour objet la connaissance de ce qui
« est toujours, et non la connaissance de ce qui naît
« et périt.

« — Je n'ai pas de peine à en convenir : la géométrie
« est en effet la connaissance de ce qui est toujours.

« — Par conséquent, mon cher, elle attire l'âme
« vers la vérité ; elle forme en elle cet esprit philoso-
« phique qui élève nos regards vers les choses d'en
« haut, au lieu de les abaisser, comme on le fait, sur les
« choses d'ici-bas.

« — C'est à quoi rien n'est plus propre que la géo-
« métrie. »

. . . .

« — L'astronomie, dit Socrate, sera-t-elle la troisième « science [que nous enseignerons à nos jeunes gens] ? « Que t'en semble ?

« — C'est mon avis, répond Glaucon ; car, selon « moi, une connaissance exacte des saisons, des mois, « des années, n'est pas moins nécessaire au guerrier « qu'au laboureur et au pilote.

« — Vraiment, c'est bonté pure de ta part. Tu as « l'air d'avoir peur que le vulgaire ne te reproche de « prescrire l'étude des sciences inutiles. Le plus solide « avantage de ces sciences, mais un avantage dont « il n'est pas du tout facile de faire sentir le prix, « c'est qu'elles purifient et raniment un organe de « l'âme aveuglé et comme éteint par les autres occupa- « tions de la vie, organe dont la conservation est « mille fois plus précieuse que celle des yeux du corps, « puisque c'est par celui-là seul qu'on aperçoit la « vérité. »

Ainsi, pour Platon, la science n'est précieuse que par la connaissance des rapports éternels qu'elle apporte à l'âme. Nous sommes loin, vous le voyez, de la science orientale.

Ce langage aurait-il été compris des peuples de l'Orient ? — Non, Messieurs, il est bien vraiment grec, et il ne nous surprend pas dans la bouche d'un Grec. Même dans ses recoins en apparence les plus humbles, quand il s'agit seulement de substituer à quelque formule empirique une démonstration logique fondée sur des concepts clairs et précis, la science pure, la science théorique exige précisément les qualités d'esprit que nous a révélées toute l'œuvre esthétique des

Grecs. Une logique claire, rigoureuse, conduisant à des vérités générales, qu'on peut dire éternelles, parce qu'elles s'élèvent au-dessus des phénomènes contingents de la vie sensible, une logique faite de lumière et d'harmonie, n'est-elle pas comme un aspect particulier de la beauté grecque ? — Quand nous voulons comprendre ce que les Grecs ont conçu comme le beau idéal, nous nous reportons d'ordinaire aux sculptures du siècle de Périclès ou au Parthénon : je ne sais si leur géométrie ne porte pas mieux encore l'empreinte de leur âme.

En nous éloignant des documents positifs pour consulter le caractère des peuples dont nous voulons étudier le rôle dans la marche intellectuelle de l'humanité, ne trouvez-vous pas, comme moi, que le doute fait définitivement place à la certitude ?

Concluons donc :

L'Orient a transmis aux Grecs un ensemble de connaissances pratiques, qui ont pu servir de base à leur science, mais celle-ci leur appartient bien véritablement. Ce qui la caractérise, c'est qu'elle a pour unique but la recherche de la vérité, et pour seul mobile l'amour désintéressé de l'ordre éternel des choses.

III

L'Orient et l'Égypte — disions-nous donc en 1892 — ont transmis aux Grecs un ensemble de connaissances pratiques qui a servi de base à leur science ; mais celle-ci leur appartient bien véritablement par son caractère théorique et rationnel. Il ne s'est pas fait depuis, à ma connaissance, de découverte capable de changer l'esprit général de cette conclusion. Mais sur un point précis nous sommes mieux renseignés. S'il reste vrai — du moins nous continuons à le croire — que les Grecs ont donné à la mathématique sa forme rationnelle, la matière de cette mathématique qui venait de l'Orient semble décidément avoir été plus riche qu'on ne le pensait jusqu'ici.

*
* *

D'une part, Moritz Cantor, en 1905, a appelé l'attention sur un fragment de papyrus qui venait d'être découvert à Kahun [1], datant de la XIIe dynastie, et qui mentionne les égalités suivantes :

$$1^2 + \left(\frac{3}{4}\right)^2 = \left(1\,\frac{1}{4}\right)^2$$

$$8^2 + 6^2 = 10^2$$

$$2^2 + \left(1\,\frac{1}{2}\right)^2 = \left(2\,\frac{1}{2}\right)^2$$

$$16^2 + 12^2 = 20^2.$$

Il n'y est pas explicitement question de la relation qui lie les carrés de 4, de 3 et de 5, mais le document n'en est que plus significatif à cet égard, car on voit bien, sans aucun doute, que les nombres proviennent chaque fois de 4, 3, 5, par division ou multiplication proportionnelle, et l'absence d'une mention spéciale peut naturellement résulter, comme le pense Cantor, et quoique nous n'ayons ici en apparence que des relations arithmétiques, d'une connaissance courante et usuelle du fameux triangle. Nous savions déjà qu'en Chine cette connaissance pouvait remonter au moins à mille ou onze cents ans avant J.-C. Nous ne pouvons

1. *Archiv der Mathematik und Physik*, 1905.

guère douter désormais qu'elle n'ait appartenu aussi aux Égyptiens, comme Cantor l'avait soupçonné, et depuis une époque beaucoup plus reculée encore. On en conclurait aisément, même sans documents supplémentaires, que tous les peuples d'Asie ont manié le triangle 3-4-5 dès la plus haute antiquité. Nous trouvons, en outre, confirmée ici la facilité avec laquelle on savait passer d'une figure à une semblable par variation proportionnelle des dimensions ; le papyrus de Rhind nous en avait déjà avertis, mais il était moins ancien ; le document nouveau importe surtout par sa date.

*
* *

En second lieu, on savait depuis longtemps, ne fût-ce que par le travail de Thibaut [1], que les vieux livres hindous consacrés à la construction des autels, les *Sulvasutras*, contenaient des informations curieuses sur les connaissances géométriques de leurs auteurs, mais on persistait à ne pas leur attribuer une ancienneté très reculée et l'on avait une tendance à mettre sur le compte de l'influence grecque tout ce qu'on pouvait y trouver d'intéressant. Or, voici que M. Bürk [2] a publié il y a quelques années, sur les *Sulvasutras* d'Apastamba, une étude fort importante, d'où il résulterait : 1° que la rédaction de ce traité est certainement antérieure à la conquête d'Alexandre ; 2° qu'une partie, au moins, des connaissances dont témoigne Apastamba remonte au delà du VIIe siècle avant l'ère chrétienne. On s'est, en général, incliné devant ces conclusions,

1. *Journal of the Asiatic Society of Bengal*, 1875.
2. *Zeitschrift der deutschen morgenländischen Gesellschaft*, années 1901 et 1902.

et Cantor lui-même, le plus chaud partisan de l'influence grecque, s'est rendu. Il semble bien alors qu'il faille accepter décidément qu'une certaine géométrie est née et s'est développée en Orient, indépendamment des travaux des Pythagoriciens, et même peut-être — nous y reviendrons plus loin — antérieure à Pythagore. Et le traité d'Apastamba, qui peut nous donner une idée de cette géométrie, prend du coup, pour l'histoire des mathématiques, une importance considérable.

Thibaut en avait traduit l'essentiel en 1875 ; Zeuthen[1] l'a résumé dans une étude qu'il a donnée au Congrès de Philosophie de Genève ; Heath[2], dans ses *Éléments d'Euclide*, à propos de la proposition 47 du livre I, présente un exposé bref, mais substantiel, du contenu du traité hindou et des commentaires auxquels celui-ci a donné lieu. Enfin et surtout nous avons, dans le travail de Bürk déjà signalé, la traduction complète des *Sulvasutras* d'Apastamba avec une série de notes explicatives dues à d'anciens commentateurs hindous.

Ce qu'il convient d'y relever d'abord, c'est l'emploi systématique, dans diverses constructions, de triangles rectangles à côtés entiers, et, cette fois, non plus seulement du fameux triangle 3, 4, 5, ou de triangles semblables (12, 16, 20 — 15, 20, 25), mais encore des triangles suivants :

1. Théorème de Pythagore, origine de la Géométrie scientifique. *Congrès international de Philosophie*, Genève, 1904.

2. T. L. Heath, *The thirteen books of Euclid's Elements*, 3 vol., 1908. Je ne saurais trop appeler l'attention sur l'excellente publication de M. Heath. C'est en même temps que la traduction anglaise d'Euclide, d'après Heiberg, une précieuse encyclopédie relative à tous les problèmes philologiques, mathématiques, historiques, philosophiques, que soulèvent les éléments.

15, 36, 39 (et 5, 12, 13)
8, 15, 17,
12, 35, 37,

c'est-à-dire en tout, abstraction faite de ceux qu'on peut en déduire par variation proportionnelle des côtés, de quatre triangles à côtés entiers. L'un, d'après les conclusions de Bürk, se présente comme très anciennement connu, et comme revêtant un caractère sacré, à savoir le triangle 15, 36, 39.

Apastamba croyait-il nommer les seuls triangles rectangles à côtés entiers? Il le semblerait d'après la façon dont il s'exprime, quoiqu'il paraisse peu probable qu'il n'eût pas su au moins faire correspondre à chacun d'eux tous ceux qui s'en déduisent par similitude. Mais, en tout cas, quand il fait abstraction de toute condition restrictive sur la nature particulière des côtés, il considère comme générale la relation qui existe entre les carrés des côtés d'un triangle rectangle. L'une des premières propositions qu'il énonce est, en effet, celle-ci : « Le carré construit sur la diagonale d'un rectangle est la somme des carrés construits séparément sur le plus long côté et sur le plus petit. » Et cette proposition est presque aussitôt suivie de celle que fournit le rectangle à côtés égaux : « Le carré construit sur la diagonale d'un carré est le double de celui-ci. »

Après quoi, en très peu de mots, Apastamba indique pour la diagonale d'un carré la curieuse construction que voici : « Prolonger le côté de son tiers, celui-ci de son quart et retrancher le trente-quatrième de ce quart. » Ce qui donne, en fonction du côté pris pour unité, la valeur $1 + \frac{1}{3} + \frac{1}{3.4} - \frac{1}{3.4.34}$, approximation très remarquable de $\sqrt{2}$. La règle est ensuite utilisée dans la construction rapide d'un carré de côté donné.

Puis l'auteur en vient à des applications générales du grand théorème : Former un carré égal à la somme de deux carrés donnés (ce qui, en particulier, conduit à construire $a\sqrt{3}$ comme diagonale d'un rectangle de côtés a et $a\sqrt{2}$), et construire un carré égal à la différence de deux carrés.

Cela fait déjà un ensemble imposant de propositions portant sur le théorème de Pythagore et ses applications, dont, il y a dix ans, on n'aurait ordinairement pas soupçonné la connaissance au ve ou au IVe siècle chez d'autres que chez les Grecs. Elles se complètent par deux problèmes qui nous font nous élever plus haut encore. C'est d'abord la transformation d'un rectangle en carré (la transformation inverse est essayée, mais non réalisée), et ensuite la transformation d'un carré en un plus grand, par prolongement du côté, ou la mise en évidence de la formule $(a+b)^2 = a^2 + b^2 + 2ab$.

Ce n'est là qu'une partie du traité d'Apastamba. Il contient, en outre, des constructions de rectangles semblables à un rectangle donné, des règles curieuses pour transformer un cercle en carré et réciproquement, etc. Mais, en somme, nous avons indiqué les propositions les plus importantes, celles qui nous font atteindre le point culminant de la science hindoue, et qui posent vraiment la question de la valeur de cette science. Il nous faut revenir maintenant sur cet ensemble de connaissances et nous demander d'abord comment elles pouvaient être établies.

Le traité d'Apastamba, tel que nous le présente la traduction de M. Bürk, ne ressemble en aucune façon aux *Éléments d'Euclide*. Il ne contient, pour chacune des propositions successives, que l'énoncé du théorème, ou celui des règles à suivre, des constructions à effectuer. Il arrive que ces énoncés ne sont accompagnés d'aucune figure explicative. Quand une figure vient éclairer le texte, qu'elle appartienne à Apastamba lui-même, ou à quelque commentateur ancien, ou simplement au traducteur à qui elle est suggérée par le texte, ce n'est pas pour servir de support à une suite d'idées plus ou moins logique, comparable au contenu d'une démonstration euclidienne, mais pour mettre en évidence aux yeux du lecteur la vérité de la proposition à établir, pour que le lecteur la trouve exprimée par la figure, dans le langage direct de l'intuition spatiale. Ainsi les questions relatives au nombre d'unités carrées que représente l'aire d'un carré ou d'un rectangle, de côtés donnés, — plus généralement quantité de propositions ou de règles où interviennent des comparaisons de surfaces de triangles, de trapèzes, de rectangles, — ne demandent une justification qu'au procédé très simple qui consiste à décomposer les figures ou parties de figures en petits carrés ou en petits rectangles, par deux séries de lignes parallèles, comme si l'on songeait chaque fois aux nombres de briques dont pourraient se recouvrir les surfaces à comparer. Il est naturel de penser avec Cantor, Zeuthen, Bürk, — et comme le soupçonnaient déjà quelques anciens historiens des mathématiques tels que Hankel et Allman, — que ce mode de démonstration intuitive est le seul auquel les Hindous aient eu recours. Peut-on, du moins, d'après cela, essayer d'expliquer leurs connaissances relatives au théorème de Pythagore ?

Très vraisemblablement, ils ont commencé par constater la propriété fondamentale sur quelques cas particuliers, et le premier, comme le plus simple, fut sans doute celui qu'Apastamba indique dans la cinquième proposition du chapitre I, c'est-à-dire le cas du triangle rectangle isocèle. L'énoncé (d'après lequel le carré construit sur la diagonale d'un carré est le double de ce carré) est accompagné, dans la traduction de Bürk, de la figure 1 due au traducteur, mais qui a bien des chances de rappeler celle de l'auteur lui-même, et qui rendait inutile tout raisonnement et tout commentaire. Il suffirait, d'ailleurs, de modifier légèrement cette figure, en doublant le côté du carré primitif, et en inscrivant dans le grand carré le carré de la diagonale, pour obtenir la démonstration intuitive que Platon fera mettre, par Socrate, sous les yeux de l'esclave, dans son dialogue du *Menon* (fig. 2). La vieille tradition se sera conservée jusque-là : en réalité, les *Éléments d'Euclide* eux-mêmes en auront gardé des traces nombreuses.

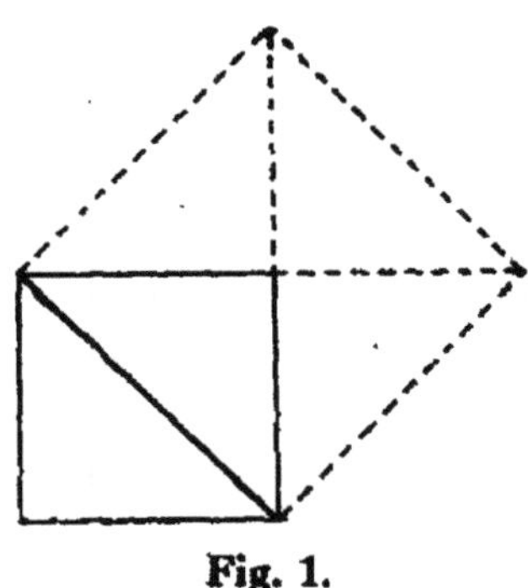
Fig. 1.

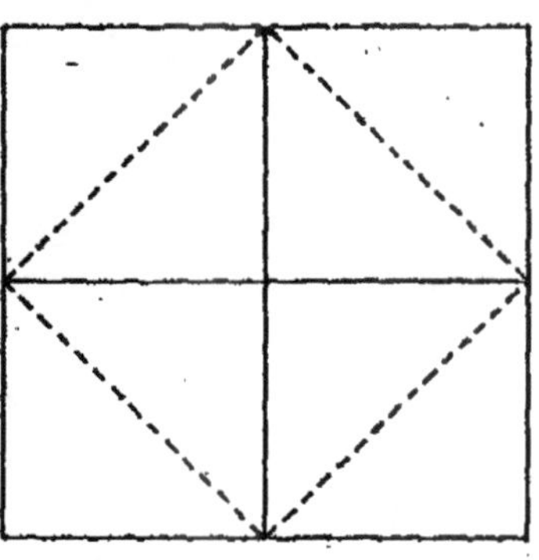
Fig. 2.

En dehors de ce cas si simple, c'est très probablement le triangle 3-4-5 qui fut connu le premier. Les témoignages fort anciens recueillis en Chine et en Égypte, joints à la grande simplicité des nombres qui mesurent les côtés, en sont un gage suffisant. Faut-il croire que l'expérience seule intervint ici ? Oui, sans doute, tout d'abord, et dans des temps extrêmement reculés, des arpenteurs ou des ingénieurs, habitués, comme le montre Apastamba lui-même, à manier le cordeau et à fixer des piquets, purent s'apercevoir que le triangle 3-4-5 a deux côtés perpendiculaires l'un à l'autre. Mais les *Sulvasutras* donnent l'impression d'une culture un peu plus relevée ; l'auteur, certainement, veut voir s'étaler à ses yeux la proposition générale et abstraite d'après laquelle le carré construit sur 5 contient exactement les deux autres

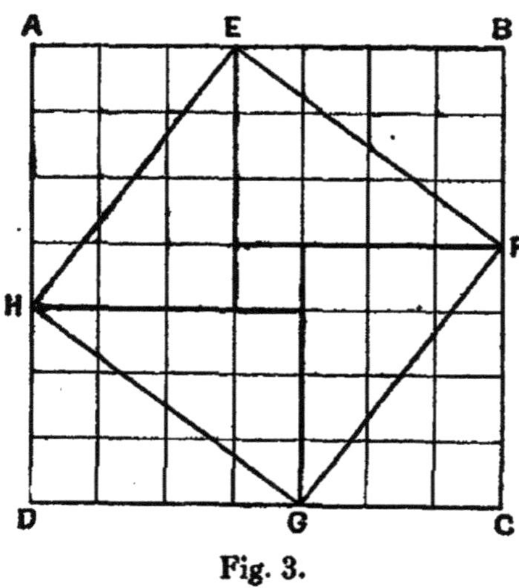

Fig. 3.

carrés construits sur 3 et sur 4. Plusieurs hypothèses sont ici possibles ; la plus vraisemblable me semble être celle que défend Zeuthen, et qui s'exprime dans la figure 3 : ABCD est le carré construit sur 7 unités de longueur; il comprend manifestement le carré construit sur 4, le carré construit sur 3, et deux rectangles de côtés 3 et 4. Mais, en regardant d'une autre manière, on voit que le carré EFGH, formé par les diagonales de quatre rectangles 3, 4, laisse en dehors de lui-même leurs quatre moitiés, c'est-à-dire l'équivalent de deux rectangles ; il représente donc la somme des carrés construits sur 3 et sur 4, et contient 9 + 16 = 25 petits carrés.

Qu'on ne se hâte pas de juger ces vues trop savantes. Cantor, et après lui Zeuthen, ont appelé l'attention sur des figures qui, d'après Biot (*Journal asiatique*, 1841), se trouveraient dans le très vieux traité chinois où est mentionnée la propriété du triangle 3-4-5. « Dans les trois figures, dit Biot, dans une note de la page 601, on voit un grand carré divisé en 49 parties, dans lequel est inscrit un autre carré divisé en 25 parties. Ce second carré est divisé, dans la première figure, en 4 triangles rectangles, plus un carré intérieur ; dans la seconde, il contient un carré de 9 parties ; dans la troisième, il contient un carré de 16 parties. » Cette description est loin d'être claire. Mais il est impossible de ne pas rapprocher de la démonstration précédente celle que le vieil auteur chinois voulait mettre en évidence avec ses trois figures. Et nous l'attribuerons plus volontiers encore aux Hindous, si nous songeons que ce mode de démonstration, même pour le théorème général, est resté dans leurs traditions bien des siècles après que les Grecs avaient substitué leur mathématique rationnelle à la géométrie intuitive des Orientaux. Cantor, en effet, mentionne chez Bhaskara (du XIIe siècle après J.-C.) la curieuse démonstration du théorème de Pythagore qu'offre la figure 4 [1]. ABCD est le carré construit sur l'hypoténuse du triangle rectangle, lequel se trouve 4 fois reproduit. Bhaskara se contente de demander au lecteur de regarder. Avec un

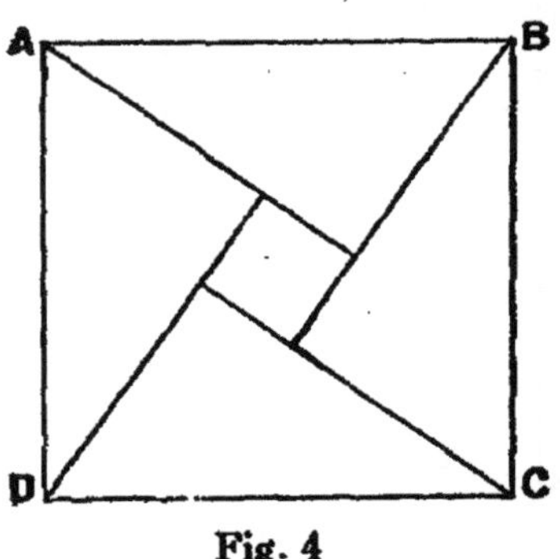

Fig. 4

1. *Vorlesungen*, t. I, p. 656.

peu d'attention, celui-ci voit 4 demi-rectangles, ou 2 rectangles formés avec les côtés de l'angle droit, plus le carré construit sur la différence de ces côtés, ce que Bhaskara sait être égal à la somme des carrés des deux côtés.

Quoi qu'il en soit, les anciens Orientaux passaient-ils par une audacieuse induction de deux cas particulièrement simples à tous les triangles rectangles ? Apastamba eût été peut-être capable de montrer encore directement par quelque figure ingénieuse la propriété fondamentale de tel ou tel triangle rectangle. Mais peut-être aussi la possibilité de voir clair dans les deux cas privilégiés suffisait-elle, si l'on songe que l'expérience avait pu dès longtemps faire soupçonner le théorème général par de simples mesures effectuées sur le terrain. Et dès lors les anciens Hindous, liant invariablement dans leur esprit la propriété géométrique et la relation numérique, avaient dû s'en remettre, pour la recherche des triangles à côtés entiers, à de faciles calculs d'arithmétique. Rien ne nous dit que ce ne soit pas ainsi, c'est-à-dire par le calcul des carrés des nombres entiers successifs, et par des essais d'addition conduisant encore à des carrés, qu'on était parvenu depuis longtemps aux quelques triangles mentionnés et utilisés dans les *Sulvasutras*.

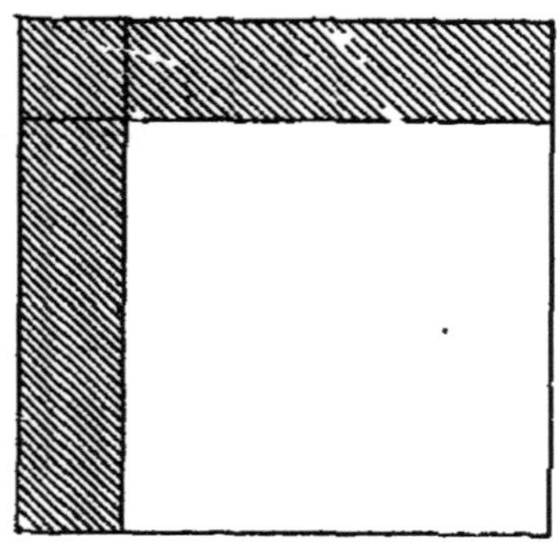

Fig. 5.

Peut-être aussi, cependant, est-il permis de penser ici à un autre genre de démonstration.

Apastamba utilise plusieurs fois ce que les Grecs

appelleront un *gnomon*, c'est-à-dire, quand il s'agit d'un carré, cette sorte d'équerre de maçon qui entoure le carré primitif (fig. 5), lorsqu'on prolonge son côté, comme le fait l'auteur hindou lui-même, pour se rendre compte de la manière dont s'accroît le carré. Il paraît très vraisemblable, comme l'ont indiqué, les premiers, Bretschneider et Treutlein [1], que c'est la génération des carrés par la superposition des impairs successifs comme gnomons qui conduisit Pythagore et Platon aux formules générales donnant des triangles rectangles à côtés entiers. Nous savons, en effet, par Proclus, quelles sont ces solutions. Celle de Pythagore peut s'écrire :

$$n, \quad \frac{n^2-1}{2}, \quad \frac{n^2+1}{2},$$

n étant impair ; celle de Platon :

$$2n, \quad n^2-1, \quad n^2+1.$$

On tombe aisément sur la première solution, si, considérant un carré qu'entoure un gnomon impair, on exige que cet impair soit un carré, n^2 ; le côté du carré primitif était alors $\frac{n^2-1}{2}$, et le côté du carré résultant est $\frac{n^2+1}{2}$. Le carré construit sur $\frac{n^2+1}{2}$ apparaît manifestement comme la somme de n^2 et de $\left(\frac{n^2-1}{2}\right)^2$. Quant à la solution attribuée à Platon, on l'obtiendra en composant le gnomon de deux nombres impairs consécutifs, dont la somme soit un carré.

Il ne saurait assurément être question d'attribuer à

1. Voir dans Heath, t. I, p. 356-360, l'historique complet de la question.

l'auteur des *Sulvasutras* rien qui ressemble à ces formules toutes générales. Mais pourquoi ici, comme parfois ailleurs, les Grecs n'auraient-ils pas seulement généralisé, par des méthodes plus abstraites, ce que les Orientaux auraient très bien pu constater dans quelques cas particuliers ? Soit un carré de côté 4 (fig. 6). Apastamba sait que, s'il prolonge le côté de 1, le carré s'augmente du gnomon $4 \times 2 + 1$, c'est-à-dire 9 ou 3^2. Il sait aussi, ou plutôt il voit alors sur sa figure, que le carré agrandi n'est autre que le carré de 5. Ce qui est une vue intuitive directe de la relation arithmétique : $5^2 = 3^2 + 4^2$.

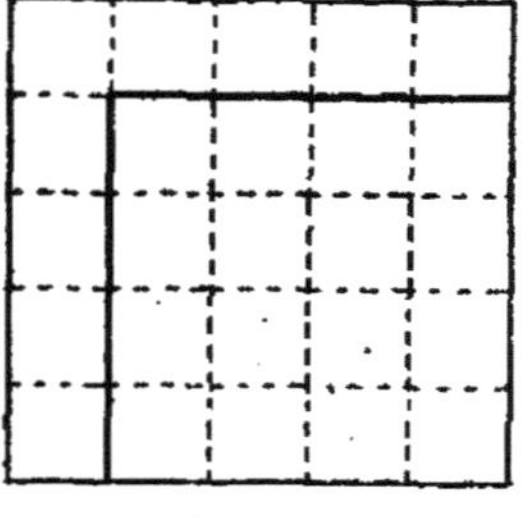

Fig. 6.

Après 9, le premier impair carré est 25. C'est autour du carré de côté 12 (car $25 = 12 \times 2 + 1$) que nous devons le disposer en gnomon, si nous voulons une relation analogue à la précédente. Comme le côté du carré agrandi est alors 13, la figure nous donne immédiatement l'égalité $13^2 = 12^2 + 5^2$. C'est le triangle 5, 12, 13, ou, — si nous multiplions tous les côtés par 3, — 15, 36, 39, c'est-à-dire justement, qu'on le remarque, le triangle que Bürk nous désigne comme connu bien antérieurement à la rédaction d'Apastamba. Et cette rencontre me semble significative.

Les deux autres exemples cités dans les *Sulvasutras* (8, 15, 17 et 12, 35, 37) auraient-ils été trouvés sur des figures formées par les carrés de 15 et de 35, entourés chacun d'un gnomon double ($31 + 33 = 64$, pour l'un, et pour l'autre $71 + 73 = 144$) selon une construction qui sera généralisée plus tard ? Ou faut-il s'en remettre à deux essais heureux de calcul numérique ? Ce qui est hors de doute, en tout cas, c'est que le traité hindou ne porte la trace d'aucune méthode régulière ni d'aucune formule générale quelconque pour la découverte de pareils triangles à côtés entiers. C'est certainement en tâtonnant, soit dans les calculs, soit dans la construction des figures, que les Orientaux avaient trouvé les quelques triangles qu'ils utilisaient précieusement.

*
* *

Que faut-il penser, d'autre part, de la valeur donnée pour la diagonale ou, si l'on veut, pour $\sqrt{2}$? On a essayé assez souvent de reconstituer un procédé de calcul qui pût conduire à cette expression, et l'on a abouti chaque fois à une suite d'opérations analogues à celles que les Grecs, du temps de Héron tout au moins, savaient effectuer, ou même ressemblant à celles que nous effectuons aujourd'hui pour l'extraction de la racine carrée. Mais, quand ce n'était pas trop rajeunir la rédaction des *Sulvasutras* et s'en remettre à l'influence grecque, n'était-ce pas attribuer gratuitement aux anciens Hindous une technique numérique trop subtile et trop savante [1] ? Avec Heath, je préfère l'explication que Thibaut donnait déjà il y a trente-cinq ans, et qui est la suivante : Quand le côté d'un carré est 1, le carré de la diagonale est 2 ; quand le côté est 2, le carré de

1. Léon Rodet, par exemple, qui ne s'était pas mépris sur la date des *Sulvasutras*, reconstitue ainsi le procédé. Après chaque élément trouvé pour la racine, on divise le reste par le double de la partie déjà obtenue ou par le double plus 1. Dans le premier cas, on a une valeur approchée par défaut ; dans le second, par excès. (*Bulletin de la Société mathématique de France*, t. V : Sur une méthode d'approximation des racines carrées connue dans l'Inde, antérieurement à la conquête d'Alexandre.)

la diagonale est 8, etc. On essayait de continuer ainsi, jusqu'à ce qu'on trouvât pour ce dernier nombre un carré : cela arrive à très peu près lorsqu'on essaie le côté 12, car le carré de la diagonale est alors $144 \times 2 = 288$, et 289 est le carré de 17. Or, d'après la manière même dont Apastamba parle de l'agrandissement d'un carré, on passe du carré 289 au carré 288 en diminuant le premier d'un gnomon de valeur 1, lequel, si l'on néglige un tout petit carré, a pour épaisseur $\frac{1}{34}$. En d'autres termes, le côté du carré 288, ou la diagonale du carré de côté 12, est $17 - \frac{1}{34}$. Il suffit, pour passer de ce résultat à la valeur de la diagonale du carré de côté 1, de le diviser par 12, et comme on peut l'écrire $12 + 4 + 1 - \frac{1}{34}$, la valeur cherchée est $1 + \frac{1}{3} + \frac{1}{3.4} - \frac{1}{3.4.34}$. La substitution à des nombres donnés de nombres plus commodes, puis, à la fin, la variation proportionnelle des résultats, c'est-à-dire, en somme, la méthode « de fausse position », qui subsistera si longtemps dans tous les traités arithmétiques du moyen âge, se trouvait déjà, comme l'a remarqué Rodet, employée couramment dans le papyrus d'Ahmès. Elle implique un certain sentiment de la similitude qui doit être aussi ancien que les premiers tâtonnements de la pensée humaine, et n'a rien pour nous surprendre.

Du moins, l'auteur des *Sulvasutras* se rend-il compte de la non-exactitude rigoureuse de son expression ? Ce qu'on peut assurer, c'est qu'il n'en est pas gêné. C'est au point qu'à la place de constructions géométriques qui supprimeraient à cet égard toute difficulté, il conseille de s'en servir pour la construction de triangles rectangles. A plus forte raison ne paraît-il pas troublé par la grave question que soulève le problème auquel il s'est attaqué : Existe-t-il des procédés qui, au besoin, avec de la patience, feraient parvenir à une expression rigoureusement exacte de la diagonale ? La question n'est même pas posée.

*
* *

Enfin, pour en venir au problème le plus savant, à coup sûr, parmi tous ceux auxquels touchent les *Sulvasutras*, la transformation d'un rectangle en carré est traitée comme il suit. (Je traduis à très peu près Bürk, qui lui-même par la figure, les lettres et quelques additions indispensables de mots ne fait qu'éclairer le texte.)

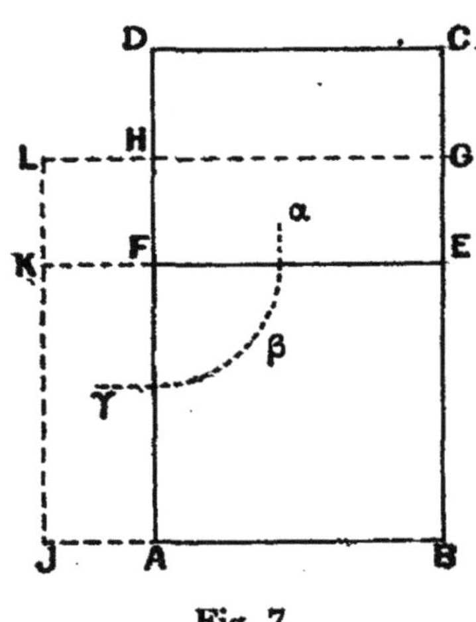

Fig. 7.

« Soit à transformer le rectangle ABCD en un carré (fig. 7). Ayant porté le petit côté sur le plus long, en AF, retranchons du rectangle le carré ABEF, et partageons en deux parties égales par la ligne GH le rectangle qui reste, FECD. Ajoutons ces parties au carré ABEF le long des côtés EF et AF, puis remplissons l'espace vide vers le sommet F par l'addition d'un morceau (le carré KFHL). La soustraction de ce morceau est chose que l'on sait faire [1]. »

1. Articles cités, année 1902, p. 333.

L'auteur hindou a déjà montré, en effet, qu'on peut aisément construire un carré qui soit la différence entre deux carrés donnés par simple application du théorème général sur le carré de la diagonale d'un rectangle. Dès lors, ses derniers mots signifient : Construisons, comme nous savons le faire, un carré qui soit la différence entre le grand carré LGBJ et le petit carré LHFK. En d'autres termes, on peut dire que pour transformer le rectangle en carré, il en dispose la surface sous la forme d'un gnomon ($\alpha\,\beta\,\gamma$).

*
* *

A ces indications, qui sont loin, nous l'avons dit, d'épuiser la matière du traité hindou, mais qui peuvent donner une idée suffisante de la science qu'il suppose, nous voudrions ajouter quelques réflexions, d'une part pour marquer la distance où il est de la géométrie grecque, et d'autre part pour noter toute l'importance de son contenu.

Lorsque, au VIe siècle, commencent vraiment les travaux originaux des Grecs en mathématiques, c'est une méthode nouvelle qui se trouve inaugurée, celle même que nous pouvons connaître par la lecture d'Euclide. Car nous savons bien aujourd'hui que les *Éléments* représentent en réalité l'effort de trois siècles de recherches, et qu'ils ont été constitués, tant pour la forme que pour la matière, par une série continue de géomètres qui remonte jusqu'à Pythagore. Les fragments les plus anciens, quelques démonstrations attribuées aux pythagoriciens, un fragment d'Hippocrate de Chios, un autre d'Archytas, pour ne citer que les principaux, ne permettent pas de douter que, du premier coup, la méthode des démonstrations n'ait été arrêtée dans sa forme essentielle. Or, ce qui la caractérise, c'est la tendance à imprégner de logique la pensée mathématique, à substituer le plus possible les concepts définis aux images concrètes et sensibles, à tâcher de constituer des raisonnements indépendants de l'intuition. Les résultats furent de deux sortes (et c'est là, me semble-t-il, le sens des remarques de Zeuthen [1]). D'une part, impossibilité de rien énoncer qui ne fût rigoureusement exact. (Nous serons loin avec les Grecs des constructions approchées d'Apastamba, telles, par exemple, que celle qui résout à ses yeux le problème de la quadrature du cercle.) D'autre part, possibilité d'élargir d'un coup et démesurément le champ de la connaissance mathématique par la généralité à laquelle il est permis d'atteindre, par la brusque extension, au delà des limites de l'intuition sensible, des vérités que conçoit et établit la raison. J'ai cité, chemin faisant, les formules fameuses de Pythagore et de Platon donnant d'un coup des séries infinies de triangles rectangles à côtés entiers, à la place des quatre exemples soigneusement conservés et utilisés par les Orientaux. Je voudrais insister encore, pour m'en tenir à l'origine même de la mathématique grecque, sur les deux théorèmes fameux que l'unanimité des témoignages attribue à Pythagore : celui qui, dans l'histoire de la science, porte précisément son nom, et celui qui pose l'incommensurabilité de la diagonale et du côté du carré.

Pour le premier, qu'Apastamba énonce vraisemblablement sous la suggestion de l'expérience, ou peut-être par une induction hardie fondée sur quelques cas simples, nous ne pouvons dire avec certitude quelle fut la démonstration de caractère général que toute l'an-

1. Congrès de Genève, p. 835.

tiquité a attribuée à Pythagore. Nous avons le choix entre un genre de preuve mettant plus ou moins en évidence sur une figure, par comparaison de surfaces, l'équivalence d'un carré à la somme des deux autres, et d'autre part, une preuve fondée sur la considération des triangles semblables et sur les propriétés des proportions. Celle que donne Euclide à la fin du premier livre des *Éléments* rentre dans le premier genre mais précisément nous savons par Proclus qu'elle est due à l'auteur des *Éléments* lui-même.

Pourquoi donc, puisqu'il existait depuis Pythagore une démonstration connue et probablement devenue classique, pourquoi donc Euclide voulut-il y substituer la sienne ? Paul Tannery, le premier, je crois, a appelé l'attention sur l'importance de ce détail et en a donné une explication que la plupart des historiens semblent adopter aujourd'hui. La découverte des incommensurables, sans arrêter sans doute la spéculation des géomètres sur les rapports et proportions, avait pourtant fait naître dans l'esprit des mathématiciens, — de ceux particulièrement qui se préoccupèrent de présenter la suite des vérités mathématiques avec une rigueur logique qui défiât toute objection, — le souci naturel d'éviter dans les raisonnements l'écueil de l'incommensurabilité. Eudoxe, contemporain de Platon, conçut dans ce dessein une théorie qui supprimait désormais toute difficulté : c'est celle qu'expose Euclide dans le livre V. Si simple qu'elle fût, elle se présentait comme relativement savante, et, dans la pensée de l'auteur des *Éléments*, ne devait intervenir qu'après les quatre premiers livres. (Exactement comme, aujourd'hui même, quoique les théories sur les nombres irrationnels aient depuis un certain temps pénétré dans l'enseignement, on ne songerait pourtant pas à les introduire dans les premières leçons d'arithmétique qui s'adresseraient à des débutants.) Dès lors, il fallait faire disparaître de l'exposé et des démonstrations des propriétés élémentaires des polygones et des cercles toute allusion à la notion de rapport, et mettre son ingéniosité à y suppléer par des procédés différents. C'est là déjà une forte présomption pour que la preuve pythagoricienne, qu'on a voulu remplacer par une nouvelle, reposât sur les rapports et proportions.

Heath en suggère une seconde, qui a sa valeur. Le raisonnement d'Euclide consiste à montrer que chacun des carrés construits sur les côtés de l'angle droit est équivalent au rectangle formé avec l'hypoténuse et la projection sur celle-ci du côté de l'angle droit. Or, c'est exactement ainsi que procède la démonstration fondée sur les triangles semblables, de sorte que, dans l'hypothèse que celle-ci remonte aux pythagoriciens, Euclide n'avait qu'à la reprendre, en suivre le plan, et modifier seulement la manière de montrer l'équivalence de chaque carré au rectangle correspondant.

Enfin, cette hypothèse est confirmée par tout ce que nous savons de l'ardeur avec laquelle les pythagoriciens ont étudié et manié les proportions, par lesquelles surtout ils voyaient s'établir un lien étroit entre l'Arithmétique d'une part, et, d'autre part, la Géométrie et la Musique.

Bref, en l'absence de tout témoignage direct, il est extrêmement probable, peut-on dire au moins, que les premiers géomètres grecs ont d'un coup substitué aux tâtonnements des Orientaux, sur une question qui se posait à eux depuis si longtemps, la démonstration si simple, si claire et si aisée que nous donnons nous-mêmes, en quelques mots, par la considération des triangles semblables, du théorème de Pythagore.

A Pythagore également, c'est-à-dire aux toutes premières démarches de la mathématique grecque, est attribuée par une tradition unanime la découverte de l'incommensurabilité de la diagonale et du côté. On sent ici tout particulièrement quelle était l'impuissance de l'expérience ou de l'intuition isolée : il aurait fallu qu'on pût les étendre à l'infini pour oser affirmer en leur nom que non seulement aucune partie aliquote de la diagonale jusqu'ici essayée n'est contenue un nombre exact de fois dans le côté, mais encore qu'aucune autre ne le sera jamais. Et c'est pourquoi les Orientaux, Apastamba lui-même, ne se sont jamais élevés jusqu'à cette idée qu'il est des grandeurs de même espèce, dont l'une ne peut servir à mesurer les autres. La méthode rationnelle et logique des Grecs, dès ses premières applications, les conduisait à dépasser par la notion de l'incommensurabilité toutes les vues mathématiques de l'Égypte et de l'Orient. Et, si nous en croyons une information d'Aristote, la démonstration avait atteint du premier coup la simplicité de celle par laquelle nous prouvons nous-mêmes qu'aucune fraction ne peut avoir 2 pour carré.

Je ne parle que de l'œuvre initiale des géomètres grecs : comment ne pas rappeler au moins que, de Pythagore à Apollonius, trois cents ans suffirent pour élever l'édifice colossal de la Mathématique ancienne sur les quelques matériaux qu'avaient péniblement accumulés, pendant tant de siècles, les Orientaux et les Égyptiens ?

*
* *

Mais pourtant, — et c'est le dernier point sur lequel je veux présenter quelques remarques, — ces matériaux étaient décidément plus importants et plus riches qu'on ne le soupçonnait encore généralement il y a une dizaine d'années.

Quoique les *Sulvasutras* d'Apastamba aient été écrits cent ou cent cinquante ans après que vivait Pythagore, il est fort douteux, nous l'avons déjà dit, qu'ils se ressentent de l'influence grecque. Faut-il admettre qu'il y ait eu séparément dans l'Inde et en Grande Grèce développements simultanés et parallèles de la géométrie ? Tel n'est pas mon sentiment. Si nous devons penser désormais que les connaissances dont témoigne le traité hindou ne venaient pas des Grecs, il n'y a plus de raison pour les dater du temps où écrivait Apastamba et pour ne pas admettre que ces connaissances étaient déjà anciennes, sinon toujours dans l'Inde, au moins quelque part en Orient ou en Égypte, où Cantor nous a montré, deux mille ans avant J.-C., la mention de triangles se déduisant par similitude du triangle 3-4-5. Le même Cantor, d'ailleurs, a suffisamment justifié — comme essayait déjà de le faire Bailly, pour son hypothèse du peuple primitif disparu, mais avec beaucoup plus de documents positifs — des communications fort anciennes, sur le terrain scientifique, entre Égyptiens, Chaldéens, Hindous et Chinois. D'Égypte le passage en Ionie et en Grande Grèce nous paraît naturel, et nous comprenons mieux que l'œuvre des pythagoriciens se présente comme la suite des travaux que le traité d'Apastamba lui-même nous aide à connaître. Reste à faire voir alors quelle idée nouvelle et désormais plus exacte il nous donne de l'héritage transmis par l'Orient à la Grèce, et le mieux pour cela est de montrer en germe, dans les richesses qu'il contient, quelques-unes des idées directrices fondamentales de la mathématique future.

Il est d'abord fort intéressant de constater que le premier effort de Pythagore et de ses disciples ait eu pour objet de reprendre, en la fondant assurément sur de nouvelles bases, ce qu'on peut appeler la géométrie du triange rectangle, qui formait déjà le fond essentiel du traité hindou. Établissement rigoureux du théorème sur la relation qui unit les carrés des côtés, — formules générales pour la recherche des triangles à côtés entiers, — démonstration de l'irrationalité de la diagonale, — tels sont les premiers résultats fondamentaux qui constituent comme le noyau autour duquel se développera la mathématique grecque.

Le souvenir de ce rôle historique joué par le théorème de Pythagore se retrouve dans les *Éléments* où, selon la remarque de Proclus, tout le premier livre semble converger vers la démonstration de ce théorème, qui dominera d'ailleurs toute la suite. Mais ce n'est pas le seul rapprochement avec les origines de la géométrie que suggère la lecture d'Euclide. Ouvrons le second livre et qu'y trouvons-nous ? Une série de propositions algébriques exprimées pour la plupart dans le langage intuitif d'une figure qui rappelle celles d'Apastamba. La plus simple de ces propositions est l'égalité $(a+b)^2 = a^2 + b^2 + 2ab$, présentée de la manière même dont l'auteur hindou montrait l'agrandissement d'un carré.

Moins simples, plus savantes, mais non moins intéressantes du point de vue où nous nous plaçons (on le verra bientôt), sont les propositions 5 et 6 de ce livre second : Étant donnée une droite AB dont le milieu est C, si D est un autre point quelconque de AB, le rectangle de côté AD, BD, est égal à la différence des carrés construits sur CB et sur CD.

Pour être plus précis et plus clair, bornons-nous au cas (prop. 6) où D est extérieur au segment AB. La démonstration se fait sur la figure 8 où le rectangle AD × BD, est aisément remplacé par le gnomon $\alpha\beta\gamma$, et où il est alors manifeste que le rectangle en question est la différence des deux carrés de l'énoncé.

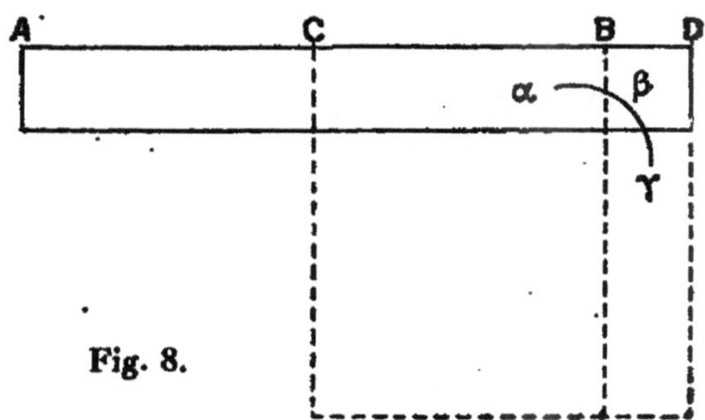

Fig. 8.

Qu'on se reporte à la construction d'Apastamba qui permettait de transformer un rectangle en carré ; on sera frappé non pas seulement de la ressemblance, mais de l'identité des idées. Or, que l'on y prenne garde : cette construction est celle qui donnerait pour Euclide la résolution de l'équation du second degré. Paul Tannery, le premier, a fortement appelé l'attention sur ce point. D'ailleurs Euclide lui-même, dans les *data*, reprend la question en l'énonçant autrement et en demandant de trouver deux longueurs dont on connaît l'aire du rectangle qu'elles forment, en même temps que leur somme ou leur différence (ce serait ici la différence AD — BD). L'aire du rectangle étant donnée par celle d'un carré b^2, la longueur AB étant a, et x désignant BD, l'équation du problème est :

$$ax + x^2 = b^2.$$

C'est donc en réalité la solution géométrique du problème équivalent à la résolution de l'équation du second degré qui sortira tout naturellement avec les Grecs de la construction d'Apastamba. Et c'est même, peut-on dire, notre résolution actuelle de l'équation, car (Zeuthen l'a observé depuis longtemps) la construction d'Euclide (et celle d'Apastamba par conséquent) met en évidence ce que montre aussi notre calcul, à savoir que le rectangle AD $\times$ BD, ou la quantité $ax + x^2$, doit être mis d'abord sous la forme d'un gnomon ou d'une différence de deux carrés :

$$\left(\frac{a}{2} + x\right)^2 - \left(\frac{a}{2}\right)^2.$$

Enfin, le théorème euclidien peut être considéré comme un cas particulier et particulièrement simple d'un problème qui sera traité d'une façon plus générale au VIe livre : je veux parler du fameux problème de l'*application des aires*. Il s'agira de construire sur une droite donnée un parallélogramme d'aire connue et présentant en excès ou en défaut un parallélogramme semblable à un parallélogramme donné. Le cas parrticulier est celui où le parallélogramme est un rectangle, et où le parallélogramme en excès ou en défaut doit être un carré. La figure 8 correspond à l'application avec excès, ou en hyperbole, et donne immédiatement la solution du problème, c'est-à-dire l'inconnue BD, ou, ce qui revient au même, l'inconnue CD, comme côté d'un carré égal à la somme du carré construit sur CB et du carré équivalent à l'aire du rectangle ou du gnomon.

Mais de bonne heure, on le sait, peut-être au temps de Platon, ces problèmes de l'application des aires, que Proclus, d'après Eudème, déclare remonter aux Pythagoriciens, reçurent une signification nouvelle, en apportant les caractéristiques quantitatives des sections du cône. Si donc on se rappelle la fameuse construction d'Apastamba, et son idée de la transformation d'un rectangle en gnomon, il est permis de dire que de ce germe, se développant continûment de Pythagore à Apollonius, sortira toute la théorie des sections coniques elle-même.

*
* *

Ces remarques pourraient se prolonger. Elles suffisent, me semble-t-il, pour montrer ce qu'il y avait de riche et de fécond dans les matériaux que les géomètres orientaux avaient transmis aux Grecs, et tout ce qu'il y avait de préformé, si l'on peut dire, comme par instinct, dans l'ébauche d'où la pensée hellène allait faire sortir la science rationnelle.

En même temps se dégage de semblables leçons de l'histoire, plus peut-être (ou en tout cas d'une manière plus directe) que des applications heureuses réservées aux spéculations des géomètres, le sentiment que la spontanéité et le libre élan des conceptions mathématiques laissent pourtant subsister, sous la variété des formes, une matière fondamentale, une sorte de courant continu qui en fait l'objectivité. Quand l'ancienne étude des coniques permettra un jour de fonder l'astronomie moderne et la mécanique céleste, Képler et Newton prouveront à leur manière qu'Apollonius et ses prédécesseurs ne devaient tout de même pas se livrer uniquement à un jeu élégant et subtil ; mais peut-être plus fortement encore ce sentiment nous sera-t-il suggéré par la permanence de l'objet qui, à travers les algorithmes différents, caractérise une chaîne continue de travaux, depuis, par exemple, les tâtonnements, vieux de quatre mille ans, sur le carré de l'hypoténuse d'un triangle rectangle, ou depuis l'idée géométrique du gnomon hindou, jusqu'à la solution moderne de tous les problèmes géométriques et algébriques qui dépendent du second degré.

Rev. Gén. des Sc. pures et appliquées, 30 juin 1910. — Les clichés des figures ont été obligeamment fournis par la *Revue*.

LE TRAITÉ DE LA MÉTHODE D'ARCHIMÈDE

Il y a environ un an, le monde savant était informé de la découverte, faite par le professeur Heiberg, de Copenhague, d'un nouveau manuscrit d'Archimède. Heiberg donnait bientôt dans l'*Hermès* (XLII Band, 1907) le texte grec de la partie la plus intéressante de ce manuscrit ; Zeuthen, l'historien des mathématiques, en publiait une traduction allemande dans la *Bibliotheca Mathematica* de Teubner ; et enfin, en novembre et décembre 1907, la *Revue générale des Sciences* nous apportait une traduction française accompagnée de notes qui en facilitaient la lecture, et précédée d'une brève mais substantielle introduction : la traduction et les notes étaient de Th. Reinach, l'introduction de Painlevé. Nous avons ainsi tous les éléments nécessaires pour nous rendre compte de l'importance de la découverte.

Rappelons d'abord en quelques mots comment elle s'est faite. C'est au professeur Schöne, nous dit Heiberg dans l'*Hermès*, qu'il doit d'avoir vu, signalé en 1899 dans le catalogue de la « Bibliothèque de Jérusalem », un palimpseste de contenu mathématique. L'auteur du catalogue avait eu l'heureuse idée de donner en échantillon quelques lignes du texte grec. Heiberg, qui a publié une excellente édition d'Archimède, reconnut bien vite les passages cités et ne douta pas un instant qu'il ne s'agît d'une copie d'œuvres du grand géomètre de Syracuse. Il se rendit à Constantinople, où le palimpseste avait été transporté, en eut communication, et en fit des copies et des photographies qui lui permirent ensuite de reconstituer à peu près complètement le texte. Si l'on songe que l'écriture des traités mathématiques apparaissait à demi effacée sous celle, moins ancienne, d'un recueil de prières, — que le format et l'ordre des feuillets avaient été complètement changés par le dernier copiste, et si l'on jette les yeux sur la photographie d'un de ces feuillets qui accompagne la communication de Heiberg dans l'*Hermès*, on aura une idée des difficultés qu'a rencontrées l'éminent professeur de Copenhague, et du grand mérite qu'il a eu à les vaincre.

Disons bien vite qu'il a été payé de sa peine. Outre de nombreux extraits d'ouvrages d'Archimède que nous possédions déjà, le nouveau manuscrit contient une grande partie du *Traité des corps flottants*, dont nous n'avions qu'une traduction latine ; — un traité inédit, le *Stomachion* (nom d'une sorte de jeu géométrique) ; mais surtout le *Traité de la méthode* (Ἐφοδικόν ou Ἔφοδος), dont nous ne connaissions encore que le titre par de rares commentateurs anciens, et qui présente le plus grand intérêt pour l'étude de la pensée mathématique chez les Grecs. C'est ce dernier traité dont nous avons aujourd'hui le texte et les traductions ; c'est lui qui fera l'objet de cette étude.

*
* *

Archimède s'adresse à Eratosthène. Il lui a envoyé autrefois, dit-il, les énoncés de deux théorèmes qu'il avait découverts, mais dont il ne lui donnait pas les démonstrations ; elles se trouveront dans le présent livre. Les théorèmes dont il s'agit comparent, l'un le volume d'un segment de cylindre à celui d'un prisme, l'autre, le volume commun à deux cylindres inscrits dans un cube lui-même. « Ils sont d'une tout autre espèce, dit Archimède à son correspondant, que ceux que j'avais précédemment communiqués. Dans ceux-là, en effet, je comparais, au point de vue du volume, des figures d'ellipsoïdes ou de paraboloïdes de révolution et des segments de figures de ce genre à des cônes et à des cylindres ; mais jamais je ne trouvai qu'une figure pareille fût équivalente à un solide délimité par des plans. Au contraire, dans le cas actuel, j'ai trouvé que chacun des deux volumes considérés compris entre deux plans et des surfaces cylindriques est équivalent à un solide compris entre des plans [1]. » Ces remarques sont intéressantes ; je montrerai tout à l'heure qu'il n'y a dans les théorèmes en question qu'une suite naturelle de certaines vues d'Archimède, avec lesquelles nous sommes familiarisés.

Aussitôt après avoir annoncé l'envoi des deux démonstrations nouvelles, Archimède se hâte de définir en ces termes ce qui sera le contenu essentiel du traité : « J'ai cru devoir y consigner également et te communiquer les particularités d'une certaine méthode dont, une fois maître, tu pourras prendre thème pour découvrir par le moyen de la mécanique certaines vérités mathématiques. Je me persuade d'ailleurs que cette méthode n'est pas moins utile pour la démonstration même des théorèmes. Souvent, en effet, j'ai découvert par la mécanique des propositions que j'ai ensuite démontrées par la géométrie — la méthode en question ne constituant pas une démonstration véritable. » — Et plus loin : « Je suis convaincu que cette publication ne ser-

1. J'emprunte toutes les citations à la traduction Th. Reinach.

vira pas médiocrement notre science. Car assurément les savants actuels ou futurs, par le moyen de cette méthode que je vais exposer, seront mis à même de découvrir d'autres théorèmes que je n'ai pas encore rencontrés sur mon chemin. » Archimède parle un peu comme fera plus tard Descartes, en homme qui sent tout le prix de sa méthode et qui croit qu'elle pourra être féconde longtemps encore entre les mains de ses successeurs. C'est qu'en fait, si les œuvres d'Archimède nous ont habitués jusqu'ici à admirer par-dessus tout sa puissante ingéniosité et la richesse inouïe de ses procédés, il s'agit maintenant d'une *méthode générale* de découverte, et ce n'est pas là le moindre intérêt de ce traité.

En quoi consiste cette méthode ? Pour le faire comprendre, Archimède l'applique successivement à un assez grand nombre de problèmes, dont les derniers seront précisément ceux dont il a donné les énoncés dès le début. Je me contenterai de reproduire ici, à peu près complètement, le premier exemple ; il suffira pour mettre en évidence les traits essentiels de la méthode, et faire comprendre les remarques qui suivront.

« Étant donné un segment de parabole ΑΒΓ, si par le milieu Δ de la corde on mène le diamètre ΔΕ qui coupe l'arc en Β et qu'on joigne ΒΑ, ΒΓ, la surface du segment ΑΒΓ vaut les 4/3 du triangle ΑΒΓ.

Menons ΑΖ parallèle au diamètre, et la tangente ΓΖ à la courbe. Prolongeons ΓΒ jusqu'à sa rencontre Κ avec ΑΖ, et, au delà, d'une longueur ΚΘ = ΚΓ. Imaginons que ΓΘ soit un levier ayant pour point fixe son milieu Κ. Soit enfin ΜΞ une parallèle quelconque à ΔΕ. » —

Archimède s'appuyant sur des propriétés géométriques connues de la parabole arrive sans peine à l'égalité :

$$\frac{K\Theta}{KN} = \frac{M\Xi}{\Xi O},$$

puis il continue ainsi :

Transportons ΞO en TH, avec Θ pour milieu, c'est-à-dire, pour centre de gravité. De même, N sera le centre de gravité de la droite MΞ restée en place. Comme K est le point fixe du levier, on voit que, à cause de la dernière égalité, les droites TH et MΞ se feront équilibre par rapport à ce point fixe, puisque les distances de leurs centres à ce point sont inversement proportionnelles à leurs longueurs. K sera donc le centre de gravité de leurs poids composés. — Il en sera de même pour toutes les parallèles menées au diamètre à l'intérieur du triangle ZAΓ : la parallèle, restant en place, fera équilibre à sa portion comprise dans le segment, supposée transportée en Θ, et le centre de gravité du couple sera toujours le point K. — La somme des parallèles en question, c'est l'aire du triangle ΓAZ, la somme de leurs portions semblables à OΞ, interceptées par le segment, c'est le segment parabolique BAΓ. Donc au total le triangle ZAΓ, restant en place, fera équilibre au segment entier transporté en Θ, et le centre de gravité de leur système sera K.

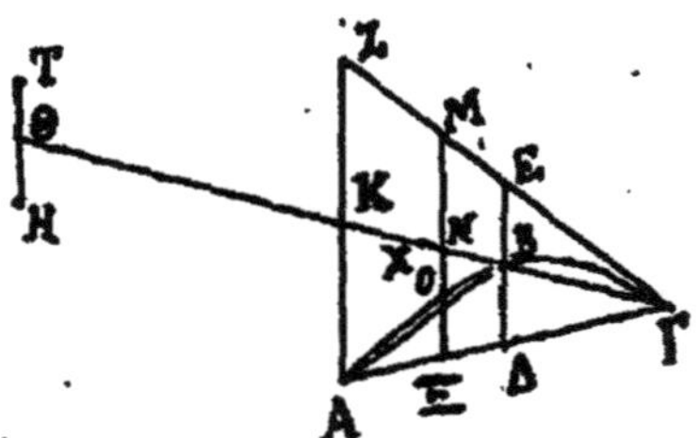

Prenons sur ΓK le point X tel que ΓK = 3 KX. Ce point sera le centre de gravité du triangle ΓAZ, comme cela a été démontré dans les *Équilibres*. Comme le triangle fait équilibre par rapport à K au segment transporté au centre Θ, on a :

$$\frac{\text{tria. } AZ\Gamma}{\text{Segm. } AB\Gamma} = \frac{\Theta K}{KX} = 3.$$

D'autre part le triangle ΓAZ est quadruple du triangle ABΓ à cause de ZK = KA, AΔ = ΔΓ ; donc finalement :

$$\frac{\text{Segm. } AB\Gamma}{\text{tria. } AB\Gamma} = \frac{4}{3}.$$

A nous en rapporter à Archimède lui-même, deux points sont particulièrement intéressants dans sa lettre à Eratosthène : *A*. La nature des théorèmes nouveaux dont il apporte la démonstration ; *B*. Et surtout, la méthode générale de découverte par la mécanique.

A. — Sur le premier point, nous sommes peu surpris de voir Archimède étendre aux volumes des idées qui se manifestaient chez lui si clairement à propos des surfaces à contour curviligne et même à propos des longueurs de courbes. Le problème des quadratures, nous le savons, l'a particulièrement intéressé. Le théorème relatif au segment de parabole, dont on vient de lire une démonstration par la mécanique, en avait déjà reçu deux qui font l'objet d'un de ses plus importants traités : *La Quadrature de la parabole*. Or, qu'il s'agît de comparer des volumes limités par des surfaces courbes à des solides terminés par des plans, ou de comparer des aires curvilignes à des aires polygonales, la difficulté théorique était du même ordre pour Archimède, et l'intérêt philosophique le même. Il fallait une conception qui impliquât l'intuition de solides ou de polygones infiniment petits capables d'épuiser par leur juxtaposition l'aire ou le volume courbe. La difficulté était beaucoup plus grande pour la rectification des lignes. Car, tandis que rien ne s'oppose à ce qu'un carré coïncide avec une portion d'aire curviligne, ou qu'un cube occupe une partie d'un volume limité par des courbes, toute comparaison d'un arc de courbe et d'un segment de droite se trouvait *a priori* impossible ; et les considérations infinitésimales qui rapprochent autant qu'on veut une ligne brisée inscrite ou circonscrite de l'arc lui-même, si elles jaillissent de l'intuition aussi aisément que les précédentes, ne trouvent pas aussi aisément leur justification logique et rigoureuse. Or, Archimède n'avait pas hésité, nous le savions, à franchir ce pas difficile, et il y avait eu d'autant plus de mérite qu'il rompait avec la vieille tradition. On se rappelle, en effet, avec quel soin les géomètres grecs avaient écarté de la définition et des axiomes relatifs à la droite tout ce qui pouvait évoquer l'idée de la comparaison de sa longueur avec celle d'une autre ligne. Les *Eléments d'Euclide*, qui sont le fruit des efforts de plusieurs générations pour réaliser une construction le plus rigoureuse possible, nous donnent de la droite la définition bien connue : la ligne qui est située semblablement en tous ses points. Quand il s'agit de montrer que dans un triangle un côté est plus petit que la somme des deux autres, Euclide (I, 20) se ramène très simplement à appliquer le théorème d'après lequel deux côtés d'un triangle présentent une inégalité de même sens que les angles auxquels ils sont opposés. Or, Archimède demande d'admettre, dès le début de son *Traité de la sphère et du cylindre*, qu'une droite soit la plus courte des lignes ayant mêmes extrémités, et que, de deux lignes convexes ayant mêmes extrémités, la ligne enveloppée soit la plus petite. Il ne s'agit pas là, d'ailleurs, à proprement parler, de définitions, comme le dit Proclus, mais, ce qui est bien différent, de postulats qui, en vérité, étaient indispensables à Archimède pour en arriver non pas seulement à calculer, mais même à définir ce qui devait être pour lui, par exemple, la longueur de la circonférence.

Si nous ajoutons enfin que le *Traité de la méthode* est certainement postérieur, comme le montre son contenu, à la *Quadrature de la parabole* et au *Traité de la sphère et du cylindre*, nous conclurons que l'intérêt théorique nouveau et incontestable des théorèmes que démontre Archimède n'a en lui-même rien qui ajoute à celui de ses autres travaux. Ce qu'il y a le plus à remarquer ici, peut-être, c'est que, par les réflexions dont il accompagne son envoi, il montre qu'il comprend l'intérêt philosophique de ces sortes de recherches ; mais nous nous doutons bien aussi que sous le géomètre de génie que fut Archimède se cachait un penseur profond.

B. — La méthode générale de découverte qu'il propose aux mathématiciens consiste, on l'a vu sur l'exemple traité, à assimiler deux surfaces géométriques (ailleurs ce seront deux volumes) à des solides homogènes, à les décomposer en éléments, et à exprimer que les moments résultants par rapport à une droite sont égaux : le moment de l'une des surfaces est connu, l'autre se calcule donc sans peine. Du moins, c'est ainsi que nous dirions aujourd'hui. Archimède, lui, ne parle pas de moments, mais uniquement de l'équilibre que se font des poids appliqués à un levier. Et c'est pourquoi sa méthode est à ses yeux non pas géométrique, mais mécanique.

Il a déjà parlé du besoin qu'il sent de chercher des démonstrations géométriques tout à fait rigoureuses pour démontrer ce qu'il a découvert par la mécanique. A la suite du premier exemple qui a été reproduit plus haut, il dit encore : « Ce qui précède ne constituc pas une démonstration, mais suffit à donner à la conclusion une apparence de vérité. Voilà pourquoi, voyant d'une part que le théorème n'était pas démontré, supposant, d'autre part, la conclusion exacte, j'ai trouvé une démonstration géométrique que j'ai publiée précédemment... » (Il s'agit ici de la seconde démonstration que contient le *Traité de la quadrature de la parabole.*)

Ainsi, c'est très clair : la méthode de découverte qu'apporte Archimède, ne suffit pas comme méthode de démonstration. Elle donne bien la certitude, la conviction, mais elle manque de rigueur. Quelle en est la raison ? — Painlevé penche à croire que l'insuffisance de la méthode tiendrait, aux yeux d'Archimède, à ce qu'il s'appuie sur des propriétés des centres de gravité que, comme l'a observé Zeuthen, il n'a pas toutes démontrées quand il écrit à Eratosthène. Painlevé ne peut admettre de la part d'un esprit aussi philosophique un purisme tel que le seul mélange de considérations mécaniques serait un obstacle à la rigueur de la démonstration. Je n'hésite pourtant pas à expliquer par ce purisme l'attitude d'Archimède. D'abord c'est ce qui paraît le mieux d'accord avec ses propres remarques. Ne caractérise-t-il pas plusieurs fois sa méthode en indiquant simplement qu'elle procède par la mécanique ? Ensuite, si disposé que soit Archimède à élargir le cadre des conceptions mathématiques, comment ne subirait-il pas plus ou moins inconsciemment l'influence du rigorisme traditionnel des géomètres grecs ? et pourquoi même en raison de ses tendances philosophiques ne serait-il pas conduit comme eux à faire une distinction importante entre deux modes de raisonnements inégalement démonstratifs, inégalement logiques, parce que inégalement mêlés de considérations concrètes et par là plus ou moins intelligibles ?

On le comprendra mieux si l'on se reporte aux premiers livres des *Éléments d'Euclide*, et si l'on se rend compte, en les lisant, des efforts inouïs que fait le géomètre pour atteindre à une rigueur idéale. J'ai déjà rappelé tout à l'heure le soin pris pour définir la droite sans faire intervenir aucune comparaison de chemins plus ou moins longs entre deux points. Il serait aisé de citer bien d'autres exemples où le scrupule est aussi manifeste. Je parlerai d'un seul, parce qu'il nous ramène le mieux à la question qui nous préoccupe, à savoir du souci excessif de l'auteur des *Éléments*, sinon d'éliminer jusqu'à la fin, au moins de reculer le plus possible, la notion de mouvement, et de tâcher d'en dégager le plus longtemps possible toute définition et toute démonstration géométrique.

Depuis quelques années, il y a une tendance assez marquée à introduire, dès le début de la géométrie, des exemples pratiques et concrets de déplacements et de rotations. On peut essayer de justifier cette tendance par le but que l'on veut atteindre dans l'éducation des intelligences. Mais, en rompant avec la méthode que suivaient, au moins pour les premiers Éléments, les mathématiciens grecs, on ne semble pas toujours la comprendre suffisamment. Pourquoi donc, dit-on assez souvent, ne trouve-t-on au début de leur géométrie aucune définition, aucun postulat, aucun axiome, qui pose franchement le fait du mouvement, quand ils le supposent en réalité sans le dire... Ou bien ils n'ont pas osé l'avouer, ou bien ils ont préféré pour eux-mêmes atténuer la difficulté en la cachant et en se donnant l'illusion d'exclure des données premières toute idée de déplacement d'un solide indéformable ? En parlant ainsi, on ne pénètre pas vraiment, me semble-t-il, la pensée des géomètres grecs. Leur désir d'exclure des *Éléments* une notion aussi complexe est sincère, et je ne crois pas invraisemblable qu'ils aient cru avoir résolu la difficulté.

D'une part, en effet, on ne trouvera dans Euclide (jusqu'au livre XI qui posera la définition du cône et nous amènera à des questions relativement compliquées) ni une génération de figure par mouvement continu, — [le cercle, par exemple, n'est pas la trajectoire de l'extrémité du rayon tournant autour du centre ; c'est la ligne plane dont tous les points sont à égale distance du centre : la définition est statique et non dynamique], — ni quelqu'une de ces démonstrations en usage depuis longtemps, où l'on fait tourner une droite autour d'un point, ou encore où l'on replie une moitié du plan sur l'autre, etc. Reste, il est vrai, le fameux axiome 8 sur l'égalité des figures et l'application qui en est faite dans certaines démonstrations. Mais ici même il est nécessaire de ne rien exagérer et de bien comprendre Euclide. D'abord cet axiome (Καὶ τὰ ἐφαρμόζοντα ἐπ' ἀλλήλα ἴσα ἀλλήλοις ἐστίν) ne sert pas de définition à l'égalité des figures, attendu que, avant qu'il soit énoncé, se trouve exprimée l'idée de longueurs égales (déf. du cercle), celle de grandeurs égales en général (axiomes 1, 2 et 3). Il a la simple prétention d'exprimer une vérité évidente, qui sera utilisée quand on voudra établir l'égalité de deux figures, à savoir : si deux choses peuvent coïncider, elles sont égales. Ensuite remarquons le mot qui, à nos yeux, semble le plus manifestement devoir impliquer l'idée d'un déplacement : il a un sens statique pour le géomètre grec. Au neutre ou au passif, soit dans l'axiome ci-dessus énoncé, soit dans les démonstrations des cas d'égalité des triangles (notamment prop. IV et VIII du livre I), le mot est intentionnellement le même: ἐφαρμοζομένου τοῦ ΑΒΓ τριγώνου ἐπι..., ἐφαρμόσει καὶ... Parfois tout au plus se trouve l'expression « être posé sur », τιθέμενου ἐπὶ... Le langage du géomètre exclut toute expression qui marquerait un transfert, un déplacement local, et ne mentionne que le fait même de la coïncidence possible. Qu'on jette les yeux sur la proposition IV (deux triangles sont égaux, s'ils ont un angle égal formé par deux côtés égaux), toute la démonstration consiste en ceci : si les côtés égaux coïncidaient, les troisièmes côtés auraient mêmes extrémités, et coïncideraient par conséquent, puisque, en vertu de l'axiome 12, deux droites n'enveloppent pas un espace. C'est d'ailleurs ce que fait très justement remarquer un Scolie anonyme sur la proposition IV [1].

Soit, dira-t-on, mais la conclusion doit s'appliquer à deux triangles non coïncidants, et ne faut-il pas alors supposer la possibilité de déplacer l'un d'eux sans le déformer ? Le géomètre grec a donc enfermé inconsciemment dans son langage le mouvement qu'il en avait voulu exclure. Ce n'est pas tout à fait cela. Ce qu'admet l'auteur des *Éléments*, c'est qu'une chose déterminée quelconque (un triangle, par exemple) est ce qu'elle est, indépendamment de la place qu'elle occupe dans l'espace. Mais il ne songe pas à la nécessité de formuler un postulat pour une vérité qui est à ses yeux si manifeste ! Pour lui, la seule existence d'une chose que le savant définit et étudie exige qu'elle ait une certaine permanence, qu'elle ne s'écoule pas, qu'elle soit à quelque degré immuable à travers le

1. Heiberg, *Euclidis opera*, t. V, p. 120.

temps et l'espace. Ni pour la pensée ni pour le discours, quelque chose n'est saisissable s'il ne possède une certaine fixité. Il y a à cet égard une affinité étroite entre les exigences d'un Platon pour les conditions de l'être et de la science, et celles de la géométrie grecque. Ce sont là des idées qui appartiennent à l'esprit grec lui-même, et dont les expressions s'éclairent l'une par l'autre quand elles viennent des philosophes et des mathématiciens. Dès lors, pour revenir au triangle, ce serait un non-sens troublant profondément les notions du géomètre sur l'idée même d'être et de détermination que de demander par un postulat qu'il garde sa détermination en quelque partie du plan qu'on l'examine : autant vaudrait demander aussi pour lui la possibilité de rester le même pendant le temps qu'on met à énoncer ses propriétés. Et voilà comment on peut dire malgré tout que sans rien cacher, et sans rien omettre, les Grecs dont la collaboration a abouti aux premiers livres d'Euclide, ont voulu supprimer toute idée de mouvement et s'en tenir à des conceptions purement statiques. Plus on se pénétrera des efforts qu'ils ont faits dans ce sens, plus on sentira jusqu'où fut poussée, dans leur tradition classique, la préoccupation d'exclure des notions élémentaires la donnée si naturelle du mouvement, — plus aisément aussi on admettra chez Archimède des habitudes d'esprit qui l'amènent à distinguer, du point de vue de la rigueur, quoique dans un domaine plus savant, une démonstration purement géométrique d'une démonstration *par la mécanique*.

*
* *

Mais le caractère mécanique des démonstrations d'Archimède sur lequel il appelle lui-même l'attention n'est pas le seul qui nous frappe. Le lecteur a certainement remarqué dans l'exemple cité plus haut l'aisance avec laquelle Archimède assimile l'aire du triangle ABΓ et celle du segment de parabole à des sommes de droites, et pratique hardiment ce qui se nommera plus tard la « méthode des indivisibles ». Ce n'est certes pas la première fois que nous voyons le grand Syracusain faire de véritables intégrations. On connait notamment les fameuses démonstrations qu'il donnait déjà dans son *Traité de la quadrature de la parabole* pour l'aire du segment de parabole. Mais du moins il se gardait alors d'effectuer purement et simplement des additions de lignes pour passer à des surfaces. Comme il avait soin d'en avertir dans la préface, il suivait une méthode régulière et classique, puisqu'elle avait été suivie par Euclide lui-même, et plus anciennement encore par celui qui avait donné rigoureusement le volume de la pyramide et du cône, c'est-à-dire par Eudoxe (comme Archimède le disait déjà dans l'introduction du *Traité de la sphère et du cylindre* et comme il le redit dans le traité nouvellement découvert). Cette méthode classique des Grecs pour résoudre les problèmes des quadratures et des cubatures est celle que nous appelons « méthode d'exhaustion ». Elle est constituée par une suite rigoureuse de propositions et s'appuie, comme le remarque Archimède dans le *Traité de la quadrature de la parabole* sur ce lemme fondamental que « deux grandeurs étant inégales, leur différence répétée un nombre de fois suffisant finira par dépasser toute grandeur donnée ». Pour appliquer la méthode d'exhaustion, on met en évidence des éléments plans (triangles, trapèzes, etc) qui en devenant de plus en plus nombreux tendent à épuiser la grandeur qu'on étudie, — c'était le cas, par exemple, dans la démonstration géométrique relative au segment de parabole que contenait le *Traité de la quadrature* ; — ou bien, le plus souvent, on met en évidence deux suites d'éléments, dont les sommes comprennent la grandeur à mesurer, — c'est le cas pour le volume de la pyramide chez Euclide, ou pour la première démonstration qu'avait donnée Archimède dans son *Traité de la quadrature de la parabole*. Puis la conclusion rigoureuse résulte, par l'application du lemme fondamental, de ce qu'il serait absurde que la grandeur étudiée fût plus grande ou plus petite que la limite des sommes d'élément infinitésimaux. Ces termes de limites et d'éléments infinitésimaux, qui sont venus naturellement dans cet exposé, ne se trouvent pas dans la langue des Grecs, mais au fond, on sent, à les lire, que d'eux à nous la différence est plus dans les mots que dans les idées.

Eh bien donc, dans le traité récemment découvert, Archimède rompt-il décidément avec la méthode classique ? A-t-il le sentiment d'apporter un procédé plus simple, plus commode, au risque peut-être qu'il soit moins rigoureux ? Et est-ce là une raison de plus pour que les théorèmes ne soient pas vraiment démontrés ? — Archimède, remarquons-le, ne présente aucune réflexion à ce sujet ; il caractérise sa méthode en disant qu'elle procède par la mécanique ; n'aurait-il pas ajouté un mot pour indiquer qu'elle appelle l'attention des géomètres sur un mode nouveau de décomposition des grandeurs en leurs éléments derniers ? — En outre, et ceci est encore plus significatif, rien n'eût été plus facile à Archimède, sauf à être un peu plus long dans son exposé, que de substituer aux lignes élémentaires des rectangles ou des trapèzes, et d'appliquer la méthode rigoureuse à cette partie de la démonstration, sans rien changer au fond à la suite des idées. Son intention paraît donc être bien plutôt d'abréger le langage habituel, et il hésite sans doute d'autant moins qu'il s'agit d'une démonstration par la mécanique qui, par là déjà, manque de rigueur géométrique.

Mais même ainsi conçue simplement comme une sorte d'exposé en raccourci du procédé classique, n'est-il pas étrange que cette décomposition d'une surface en éléments rectilignes n'appelle de la part d'Archimède aucune réflexion ? Lui qui aime à signaler tout ce qu'il apporte de curieux ou d'intéressant, qui, par exemple, nous l'avons vu, n'a pas manqué de signaler, au début du *Traité de la méthode,* ce que ses seuls énoncés présentaient de nouveau, lui qui, si souvent, fait preuve d'un sens philosophique assez profond, qui porte volontiers l'attention du lecteur sur les méthodes qu'il suit, comment n'a-t-il pas un mot pour remarquer le caractère original des sommations qu'il se trouve amené à effectuer ? Je ne vois qu'un moyen de répondre : c'est que son correspondant devait être moins frappé que nous de cette sorte d'intégration rapide ; c'est que le procédé devait lui être familier et que, loin d'y enfermer une formule savante nouvelle, Archimède, pour aller plus vite, renonce au bénéfice des savantes constructions des géomètres, et sacrifie à une tendance plus grossière et plus ancienne, parce que plus voisine de la vulgaire intuition.

Et, en effet, ce qui était savant dans cet ordre d'idées, c'était l'arrangement plus ou moins subtil dont se trouvaient revêtues, par la méthode d'exhaustion, des vues intuitives toutes simples et toutes naturelles. Il s'était certainement passé chez les Grecs ce qui s'est reproduit chez les modernes, où la systématisation logique et rigoureuse des démonstrations du calcul infinitésimal et de l'analyse entière ont suivi les intuitions plus simplistes qui ont d'abord suffi à fournir des conceptions fécondes.

De ce travail de reconstitution, les traces sont monbreuses dans les *Éléments d'Euclide*. Sans parler des efforts auxquels j'ai déjà fait allusion pour aboutir dès le début à des définitions et à des postulats qui posent comme base des démonstrations le minimum de données concrètes. citons particulièrement la théorie des proportions telle qu'elle est présentée dans le livre V, de manière à éviter complètement la difficulté que posent les grandeurs incommensurables Il y a là, pour définir l'égalité de deux rapports, dans tous les cas, à l'aide de relations qui ne portent que sur des séries de nombres entiers, des considérations tout à fait analogues à celles qui, de nos jours, servent à définir les nombres irrationnels. Et Paul Tannery a fait remarquer le soin pris par l'auteur des *Éléments* pour éviter jusque-là, c'est-à-dire le long des quatre premiers livres, toute notion de similitude, sauf à la remplacer, dans un certain nombre de démonstrations qui en découleraient avec aisance, par quelques procédés ingénieux. C'est vraisemblablement Eudoxe qui vint apporter, avec la théorie du Ve livre, le droit de parler en toute rigueur de rapports et de proportions. C'est à lui aussi que remonte, sans doute, la méthode d'exhaustion sous sa forme classique définitive. Au reste, les difficultés qu'impliquait la notion des incommensurables touchaient au fond à la question de l'infini, et il n'y a dans ce rapprochement historique des deux constructions rien qui doive nous surprendre, — d'autant que le fameux lemme fondamental de la méthode d'exhaustion, invoqué par Archimède, figure au début de ce livre V des *Éléments*.

Mais si nous pouvons faire remonter à Eudoxe le travail qui a eu pour objet de chasser les intuitions trop simplistes relatives à l'infini, et de les remplacer par une construction logique qui donnât décidément droit de cité dans la science rigoureuse aux préoccupations infinitésimales, nous ne pourrions assigner aucune date à l'origine de ces dernières. Plutarque se demandant comment Platon a pu ne songer, pour les petits corps élémentaires, qu'à des formes géométriques limitées par des surfaces planes, n'hésite pas à lui attribuer la pensée qu'un solide à surface courbe, la sphère, par exemple, peut être épuisé par des éléments polyédriques infinitésimaux (*Quæstiones platonicæ*, 2e question). Dans le *Traité de la méthode*, Archimède dit à Eratosthène : « Les théorèmes dont Eudoxe a le premier découvert la démonstration, à savoir que le cône est le tiers du cylindre, la pyramide le tiers du prisme qui ont même base et même hauteur, il faut en attribuer une bonne part de mérite à Démocrite, qui le premier a énoncé, sans démonstration, les propositions relatives à ces figures. » Comment Démocrite avait-il pu procéder ? Il n'est pas trop hardi de penser qu'il apercevait déjà l'équivalence de pyramides de même base et de même hauteur par une décomposition en sections parallèles aux bases, sections équivalentes dans les deux pyramides [1]...

Assurément mieux que ces témoignages, quelques fragments anciens de géométrie où se trouveraient maniés les infiniment petits avant l'adoption de la méthode

1. On peut citer à l'appui de cette opinion le passage de Plutarque (*adv Stoic. de commun notit.*, p. 1079), d'après lequel Démocrite aurait discuté la question de savoir si deux sections d'un cône par des plans voisins parallèles à la base devaient être considérées comme égales ou inégales.

rigoureuse, consolideraient notre hypothèse. Mais on peut dire tout au moins que l'absence de pareils fragments ne se retourne pas contre elle, attendu que toute démonstration trop peu rigoureuse, à supposer qu'elle eût été publiée, eût ensuite disparu pour faire place à celle qui ne laissait plus rien à désirer. Et à cet égard le nouveau traité d'Archimède offre un grand intérêt, soit par la mention qu'il fait de Démocrite, soit par l'exemple qu'il donne de découvertes insuffisamment établies, et séparées provisoirement au moins de la démonstration irréprochable.

Admettons en tous cas que notre hypothèse ne soit que vraisemblable — à défaut de preuves plus positives. Il reste probable — pour ne pas dire certain — qu'avant Eudoxe, à peu près vers le ve et le vi[e] siècle, les géomètres qui se sont attaqués à des problèmes tels que la mesure des aires et des volumes, ont usé de procédés plus ou moins intuitifs, plus ou moins rapides aussi, tels sans doute que la décomposition toute naïve d'une surface en lignes ou d'un solide en plans. Et je voudrais en montrer au moins une conséquence importante pour l'histoire des idées.

Si nous n'avons pas de traités mathématiques anciens qui nous permettent de saisir sur le vif les premiers tâtonnements des géomètres s'exerçant aux considérations infinitésimales, nous en avons peut-être un écho dans les discussions des philosophes. Les fameux arguments de Zénon d'Elée qui si longtemps furent traités de purs sophismes, ne visent-ils pas, avec la préoccupation du continu, la méthode infinitésimale des mathématiciens du temps ? On a longtemps soutenu qu'ils s'adressaient à la conception atomistique des corps et qu'ils étaient surtout une réponse à Démocrite. J'ai pensé moi-même, à la suite de P. Tannery, qu'ils répondaient à la formule des pythagoriciens, d'après laquelle « les choses sont nombres ». Ce ne serait pas s'écarter beaucoup de l'une et de l'autre interprétation que de supposer que les géomètres (aussi bien d'ailleurs Démocrite que certains pythagoriciens) pouvaient exciter la verve de l'Éléate par le sans-gêne avec lequel ils composaient les grandeurs d'éléments infinitésimaux, les longueurs de points, les surfaces de lignes, les solides de plans. Et il n'est en tous cas pas absurde de penser, comme je l'ai déjà fait autrefois, que cette dialectique de Zénon ait pu s'ajouter à l'instinct et au besoin de rigueur des géomètres pour les amener aux reconstructions savantes qu'ils ont réalisées.

Qui pourrait dire aussi si les querelles que faisaient les péripatéticiens aux penseurs de l'Académie à propos des lignes atomes, n'auraient pas finalement leur explication dans un énorme contre sens d'Aristote ? Les *lignes atomes*, cela ne ressemble-t-il pas, à s'y méprendre, au mot que créaient instinctivement et naturellement les mathématiciens du XVIIe siècle, en présence peut-être du fait identique. des « indivisibles » ? En pareil cas, comme toutes les fois d'ailleurs qu'Aristote risque d'avoir mal compris, rien ne servirait de demander à ses commentateurs quelque explication salutaire...

Et ainsi, une fois de plus, il est permis de noter que tout se tient dans l'histoire des idées, et que l'étude du mouvement scientifique d'une époque est parfois indispensable pour jeter quelque lumière sur les obscurités de la pensée philosophique...

Revue scientifique, oct. 1908.

DESCARTES ET LA GÉOMÉTRIE ANALYTIQUE

Je voudrais poser ici et essayer de résoudre quelques problèmes qui intéressent également l'histoire de la science et l'histoire de la pensée cartésienne.

I

Le premier de tous est celui-ci : *Oui ou non*, Fermat était-il lui-même en possession de la méthode qui caractérise la géométrie analytique, quand parut la *Géométrie* de Descartes ?...

Il semble bien que nous devions répondre : Oui. Après les publications si documentées du regretté Paul Tannery (Œuvres de Fermat, Œuvres de Descartes), le doute ne paraît plus possible.

La *Géométrie* de Descartes parut, comme on sait, à Leyde en 1637, à la suite du *Discours de la Méthode*, et accompagnée de la *Dioptrique* et des *Météores*. Un exemplaire du volume avait circulé en France avant la fin de l'impression, et une partie du livre, la *Dioptrique*, avait été soumise à Fermat : le Père Mersenne avait tenu à connaître son opinion sur ce traité. Mais nous sommes bien sûrs que seule cette partie du volume avait été placée sous les yeux du géomètre toulousain, car celui-ci dit à la fin de sa lettre à Mersenne, après avoir formulé ses objections contre la *Dioptrique* : « J'attends la faveur que vous me faites espérer de voir par votre moyen les autres livres de M. Descartes[1]... »

1. Tannery et Henry, *Œuvres de Fermat*, t. II, p. 112.

Descartes répond, le 5 octobre, aux critiques de Fermat, que Mersenne s'est empressé de lui faire connaître et, à son tour, Fermat répond à Descartes dans une lettre à Mersenne, dont nous n'avons pas la date précise, mais qui, assurément, n'est pas antérieure au 1er novembre. Cette lettre, qui, dans la pensée de l'auteur, était destinée à être lue par Descartes, ne contient pas la moindre allusion à la *Géométrie* : Fermat n'en a pas encore eu communication. Selon toute probabilité, il ne la lit que vers la fin de cette même année 1637. Aussitôt après, comme l'indique Baillet, il charge son ami Carcavi, dépositaire de ses écrits, de faire parvenir à Descartes, par l'intermédiaire de Mersenne, ses principales œuvres mathématiques ; et plusieurs lettres de Descartes à Mersenne — dont la dernière est encore du mois de janvier 1638 — confirment, par leurs discussions et allusions, l'envoi déjà fait par Mersenne : 1° du *De Maximis et Minimis* ; 2° du *De Locis planis et solidis*. Les dates sont assez éloquentes et excluent l'hypothèse que quelque chose, dans ces travaux, eût pu être inspiré par la *Géométrie* de Descartes.

Il y a plus : nous pourrions croire que le *De Locis planis et solidis*, que Descartes dit avoir reçu, est seulement l'*Isagoge ad locos planos et solidos*. Or, Fermat, apprenant que Roberval et Pascal (Étienne) viennent de prendre sa défense contre Descartes, à propos du *De Maximis et Minimis*, demande à Mersenne, en février 1638, ce que ces messieurs pensent aussi de son *Isagoge* et de son *Appendix* : d'où résulte que les manuscrits de Fermat que Carcavi avait été chargé de mettre en circulation dès la fin de décembre 1637 comprenaient non seulement le *De Maximis et Minimis* et l'*Isagoge ad locos planos et solidos*, mais encore l'*Appendix*.

Or, quel était le contenu de ces écrits ? Tous les historiens des mathématiques ont insisté sur la méthode par laquelle Fermat trouve les maxima et minima, et sur sa construction des tangentes, — qui ne nous intéressent ici, d'ailleurs, qu'indirectement. Mais je crois bien qu'avant la publication des œuvres de Fermat par Paul Tannery et Charles Henry, l'attention n'avait guère été appelée sur l'*Isagoge* et l'*Appendix*. Le premier de ces traités énonce, dès le début, le genre d'analyse auquel sera soumise la recherche générale des lieux : « Toutes les fois que, dans une équation finale, on trouve deux quantités inconnues, on a un lieu, l'extrémité de l'une d'elles décrivant une ligne droite ou courbe. La ligne droite est simple et unique dans son genre ; les espèces des courbes sont en nombre indéfini : cercle, parabole, hyperbole, ellipse, etc... » — « Il est commode, pour établir les équations, de prendre les deux quantités inconnues sous un angle donné, que d'ordinaire nous supposerons droit, et de se donner la position et une extrémité de l'une d'elles ; pourvu qu'aucune des quantités inconnues ne dépasse le carré, le lieu sera plan ou solide, ainsi qu'on le verra clairement ci-après... »

Fermat étudie alors séparément les cas suivants : 1° l'équation aux deux variables, a et e, est du premier degré ; 2° elle est encore du premier degré par rapport à chacune des variables, mais contient le produit ae ; 3° elle est du second degré par rapport à l'une au moins des variables, avec ou sans rectangle ae. Il part, chaque fois, d'une équation assez simple pour qu'on y lise sans difficulté une propriété géométrique caractéristique du lieu, droite ($da = be$) ou hyperbole ($ae = z''$), etc. ; puis il montre que l'équation plus générale se ramène sans peine, par un changement de variables, au cas particulier d'abord envisagé. Par exemple, voici l'étude de la droite :

Soit NZM une droite donnée de position, dont on donne le point N. Qu'on égale NZ à la quantité inconnue a, et la droite ZI (menée sous l'angle donné NZI) à l'autre quantité inconnue e.

Soit :

$$da = be$$[1].

Le point I sera sur une droite donnée de position. En effet, on aura $\frac{b}{d} = \frac{a}{e}$. Donc le rapport $\frac{a}{e}$ est donné, ainsi que l'angle Z. Donc le triangle NIZ est donné d'espèce, donc l'angle INZ. Mais le point N est donné, ainsi que la position de la droite MZ. Donc NI sera donné de position. La synthèse est facile.

On ramènera à cette équation toutes celles dont les termes sont soit donnés, soit formés par les inconnues a et e, multipliées par des droites données ou bien prises simplement.

$$z'' - da = be.$$

Soit posé $z'' = dr$. On aura :

$$\frac{b}{d} = \frac{r - a}{e}.$$

Soit pris $MN = r$; le point M sera donné et l'on aura $MZ = r - a$.

Le rapport $\frac{MZ}{ZI}$ sera donc donné, ainsi que l'angle en Z. Donc le triangle IZM sera donné d'espèce, et, en joignant MI, on conclura que cette droite est donnée

1. C'est le langage de Fermat simplifié.

de position. Ainsi le point I sera sur une droite donnée de position, et la même conclusion se tirera sans difficulté pour toute équation qui aura des termes en *a* ou *e* seulement[1]. »

La considération de quelques types d'équations simples du second degré, auxquels on peut ramener toutes les autres, fournit à Fermat une étude analytique complète de l'équation générale du second degré à deux variables. Le traité se termine par une application à une « très belle proposition », à savoir : « Etant données de position des droites en nombre quelconque, si d'un même point on mène à chacune d'elles une droite sous un angle donné, et que la somme des carrés des droites menées soit égale à une aire donnée, le point est sur un lieu solide donné de position. »

Dans l'Appendice au traité précédent, Fermat applique la méthode analytique qu'il vient d'exposer à la solution des problèmes solides (traduisez : à la construction des racines des équations du troisième et du quatrième degré). « Le plus commode », dit-il, « est de déterminer la question au moyen de deux équations de lieux ; car deux lignes données de position se coupent mutuellement, et le point d'intersection, qui est donné de position, ramène la question de l'indéfini aux termes proposés. »

Soit l'équation $a^3 + ba^2 = z''b$. En égalant chacun des deux membres au solide *bae*, nous obtenons d'une part $a^3 + ba^2 = bae$, ou $a^2 + ba = be$. D'autre part, $z''b = bae$, ou $z'' = ae$; l'extrémité de *e* se trouvera donc à l'intersection d'une parabole et d'une hyperbole données de position.

1. Traduction française de P. Tannery, *Œuvres de Fermat*, t. III. — Le lecteur construira aisément la figure.

De même pour l'équation biquadratique $a^4 + b^{\prime\prime\prime} a + z^4 a^2 = d^{iv}$, en égalant chacun des deux membres à $z^2 e^2$, Fermat se ramène à déterminer le point d'intersection d'un cercle et d'une parabole. Et, plus généralement, il résoud tous les problèmes cubiques et biquadratiques par un cercle et une parabole.

Voilà ce que contenaient les écrits que Fermat faisait parvenir à Descartes, par l'intermédiaire de Carcavi et de Mersenne, dans le mois de décembre 1637. Il n'est pas nécessaire d'insister pour faire sentir à quel point la méthode cartésienne de représentation des lieux par des équations s'y trouvait clairement définie et appliquée, et à quel point aussi la préoccupation de Fermat d'en tirer la solution des problèmes solides est celle même de Descartes. Et ainsi, bien que la publication des travaux de Descartes ait été la première en date, il est incontestable que, de son côté, spontanément, et sans doute à peu près à la même époque, Fermat avait trouvé ce que beaucoup considèrent comme l'essentiel de la géométrie cartésienne.

II

Mais il est difficile de formuler pareille conclusion sans qu'aussitôt un nouveau problème se pose. Comment l'histoire de la pensée scientifique au XVIIe siècle ne nous fait-elle pas assister à quelque grand débat sur la priorité de la découverte ?

On sait quelles interminables querelles a suscitées, entre les partisans de Newton et ceux de Leibniz, l'invention du calcul infinitésimal. Rien de semblable à propos de la géométrie analytique ; nous trouverons difficilement, soit dans la correspondance échangée entre savants, soit chez les historiens des mathématiques, la moindre trace d'une dispute sur cette grave question.

Dira-t-on simplement que Fermat fut un modeste ; que, devancé par la publication de Descartes, il s'inclina sans hésiter devant les droits en quelque sorte légaux, que cette publication conférait à son rival, et qu'il se contenta de faire connaître ses travaux à Descartes lui-même et à quelques amis, sans songer à réclamer davantage pour sa réputation ? — Sa correspondance mathématique de 1637 et 1638 contiendrait au moins, semble-t-il, des traces de ses réflexions à ce sujet... Or, à part quelques allusions vagues à ses recherches générales sur les lieux, ce n'est guère de sa méthode de géométrie analytique qu'il entretient ses correspondants. Quand il se soucie des jugements qu'on porte sur ses travaux il songe surtout à son traité *de Maximis et Minimis*. Tout au plus, dans le *Post scriptum* d'une lettre à Mersenne, il demande un jour ce que Roberval et Pascal pensent de l'*Isagoge* et de l'*Appendix* ; mais pas une seule fois nous ne le voyons observer ou insinuer que la méthode de Descartes n'est autre que la sienne. Il parle souvent de sa *Méthode*, il en est fier, il en énumère avec joie toutes les nouvelles applications. Mais, pour qui y regarde de près, « sa méthode » — sans qu'il sente le besoin de la désigner autrement — c'est celle qui lui permet de trouver les *maxima* ou les *minima* et en même temps de construire les tangentes aux courbes.

Au reste, il ne dépendait pas de Fermat qu'on soulevât un débat de priorité. Ses manuscrits, une fois connus du monde savant, n'allaient-ils pas fournir un aliment aux discussions que le père Mersenne savait si habilement susciter et entretenir autour des travaux de Descartes, — quand, d'ailleurs, les contradictions ou les accusations de plagiat ne surgissaient pas spontanément ? Et si, autour du Minime, la vivacité des querelles se trouvait atténuée par le talent et le caractère de la plupart des correspondants, de sorte que souvent l'âpreté de la dispute semble due à l'extrême susceptibilité de Descartes lui-même, — il n'en est plus de même ailleurs. Ici, c'est Vossius qui signalera dans un vieux manuscrit du Hollandais Snellius, l'énoncé de la loi de la réfraction, et qui ouvrira la question de savoir si Descartes avait eu ce manuscrit en sa possession. Là, c'est Cavendisch qui, de passage à Paris, montre à Roberval un ouvrage posthume de Harriot, publié à Londres en 1631, sur la résolution des équations, et — qu'il l'ait voulu ou non — donne si bien corps à une accusation de plagiat que le grand mathématicien anglais Wallis n'a pas craint d'attribuer à Harriot la paternité de l'analyse de Descartes, et que Leibniz lui-même, sans trancher la question, mentionne cette découverte faite par les Anglais. — Enfin, faut-il rappeler toute l'insistance que Descartes crut devoir mettre à affirmer l'originalité contestée de sa *géométrie*, à montrer lui-même de quelle distance il dépassait Viète et ses contemporains ? Or, je ne crois pas qu'un mot ait jamais été dit par personne, au cours de ces disputes du XVIIe siècle, sur les titres que donnait à Fermat sa méthode de géométrie analytique. Il est sans cesse question de la solution de Fermat et de celle de Descartes pour le problème des tangentes aux courbes ; les objections de Descartes contre la règle de Fermat suscitent une grande querelle où Pascal et Roberval prennent énergiquement la défense du géomètre toulousain. Mais ni l'un ni l'autre ne songent, pour rehausser les titres de leur ami, à signaler ce que son *Introduction aux lieux plans et solides* contenait de particulièrement intéressant ; — et, si Fermat, une fois incidemment, est amené à interroger Mersenne sur l'impression qu'ils en ont eue, je ne connais aucune lettre où cette impression ait été communiquée.

Quant à Descartes, n'a-t-il aucune remarque à faire quand il jette les yeux sur l'*Isagoge* et l'*Appendix* ? Certes, il pouvait encore penser que sa *Géométrie* renfermait bien d'autres richesses, mais du moins ne manifestera-t-il aucun sentiment, de quelque sorte que ce soit, à la vue du principe fondamental de la représentation des lignes par leurs équations, d'une tentative de classification des courbes d'après le degré, qui s'arrête, il est vrai, chez Fermat, au second degré, d'une résolution générale des équations cubiques et biquadratiques par l'intersection d'un cercle et d'une parabole ?

Dès qu'il reçoit le *De Maximis et Minimis*, il écrit une série de lettres où il s'entête à une critique, inexplicable d'ailleurs, de la méthode de Fermat pour la construction des tangentes ; et, quant au traité *De Locis planis et solidis*, qui lui arrive seulement quelques jours après le premier, voici tout ce qu'il trouve à dire à Mersenne : « Je ne vous renvoye point encore les écrits de monsieur Fermat *De Locis planis et solidis*, car je ne les ay point encore lus, et, pour vous en parler franchement, je ne suis pas résolu de les regarder que je n'aye veu premièrement ce qu'il aura répondu aux deux lettres que je vous ay envoyées pour luy faire voir [1]. » Il est difficile de croire que Descartes n'ait pas eu la curiosité de jeter les yeux, si rapidement qu'il l'eût fait, sur ces travaux ; et n'y a-t-il pas alors de quoi s'étonner singulièrement du silence qu'il observe, quand si longtemps

1. Adam et Tannery, *Œuvres de Descartes*, t. I, p. 503.

encore ses lettres seront pleines d'allusions aux problèmes et aux méthodes proposés notamment par Fermat ? Eh quoi ! il vient de doter la science mathématique de ce merveilleux instrument qui va permettre — Descartes n'en a-t-il pas le sentiment ? — les découvertes les plus fécondes et les plus inattendues, et il n'a pas un mot, pas une remarque, quand il constate que l'essentiel de sa méthode était déjà l'œuvre d'un autre ? Lorsqu'il s'agit de l'un des problèmes traités dans sa *Géométrie*, la construction des tangentes aux courbes, il accepte difficilement l'idée qu'on puisse mettre en parallèle avec la sienne la solution d'un autre, et, quand c'est le principe fondamental qui est en jeu, il ne manifeste aucune préoccupation et ne songe pas à prévenir par une lettre à Mersenne les remarques désobligeantes dont ne se priveront pas sans doute les nombreux amis de Fermat ? Eh bien non... Ni Descartes, ni Fermat, ni Roberval, ni Mersenne, ni Pascal, ni aucun de ceux qui avaient si naturellement, semble-t-il, un jugement à formuler, ne souligne d'un mot ce fait considérable que la *Géométrie analytique* de Descartes se trouvait clairement définie, dans son principe et ses applications, par des écrits de Fermat antérieurs à la *Géométrie*.

J'avouerai que de semblables réflexions m'ont empêché longtemps de croire à la réalité du fait lui-même. Mais la lecture de la correspondance de Descartes, de Mersenne et de Fermat ne permettant plus de douter, force nous est de chercher ailleurs la solution de l'énigme, et il n'est pas impossible de la trouver. Si les mathématiciens du XVIIe siècle pouvaient eux-mêmes nous tirer d'embarras, ils nous diraient très simplement : « Descartes et Fermat ont fait de très belles découvertes, l'un et l'autre ; mais, de grâce, ne leur attribuez ni à l'un ni à l'autre une invention qui date, en réalité, des géomètres grecs ; cessez de vous étonner si, appréciant et discutant leur mérite, nous avons négligé d'insister sur leur idée toute naturelle d'en revenir à l'analyse des anciens. »

Un tel jugement semblera paradoxal à beaucoup de nos contemporains : c'est qu'il diffère radicalement, en vérité, de ce que les historiens et les penseurs du XIXe siècle nous ont enseigné. On se rappelle dans quels termes Auguste Comte appréciait l'admirable conception de Descartes relative à la géométrie analytique : « Cette découverte fondamentale, qui a changé la face de la science mathématique, et dans laquelle on doit voir le véritable germe de tous les grands progrès ultérieurs, qu'est-elle autre chose que le résultat d'un rapprochement établi entre deux sciences, conçues jusqu'alors d'une manière isolée ? [1] » Ailleurs, il explique comment la réforme de Descartes a consisté à ramener les idées de situation et de forme à des idées de grandeur [2]. C'est cette appréciation, si aisée à retenir et à formuler, qui prend place définitivement dans l'histoire de la philosophie moderne. Nous la retrouvons, par exemple, chez l'un des derniers et des plus pénétrants commentateurs des intentions mathématiques de Descartes, chez M. Liard. M. Liard a bien compris que Descartes a eu en vue de constituer une algèbre plutôt qu'une géométrie ; mais, sur le moyen employé pour cela, c'est-à-dire sur la géométrie analytique elle-même, son jugement ne diffère pas, au fond, de celui de Comte : « Le premier, dit-il, Descartes vit que la forme d'une figure résulte de la position des points dont elle

1. *Cours de Phil. pos.*, 1re leçon.
2. *Id.*, 1re leçon.

se compose et que cette position peut être déterminée par des grandeurs, abstraction faite de toute idée de forme. Il ramena ainsi la forme à la grandeur par l'intermédiaire de la position [1]. »

Et l'idée est si fortement ancrée dans les esprits qu'on en trouve des traces même chez un historien des mathématiques comme Maximilien Marie. Après avoir dit tout ce qu'il faut pour nous amener à penser que les Grecs ont déjà fait de la bonne géométrie analytique, il donne l'impression qu'à ses yeux le procédé cartésien ne marque pas seulement un progrès, mais est l'origine d'une révolution radicale.

En fait, cette manière de voir est relativement récente. Si nous nous reportons au XVIIe siècle, nous ne trouvons rien de semblable. Descartes est souvent conduit à parler de sa *Géométrie*, il insiste sur ce qu'elle apporte de vraiment nouveau, — et l'on comprend qu'il soit pour cela fort peu embarrassé, — mais c'est surtout sur les résultats que se porte son attention. Certes, il les rattache volontiers à sa méthode générale, mais il s'agit là de sa fameuse méthode qu'il ne faut pas confondre avec la méthode analytique de représentation des lignes par les équations. « J'ai seulement tasché, dit-il à Mersenne, par la *Dioptrique* et par les *Météores*, de persuader que ma méthode est meilleure que l'ordinaire, mais je prétends l'avoir démonstré par ma *Géométrie* [2]. » Et comment l'a-t-il démontré ? Il a résolu complètement le problème de Pappus ; il a simplifié le langage algébrique appliqué à la géométrie en faisant toujours correspondre une ligne droite à toute combinaison quantitative de longueurs ; il a fait une

1. Louis Liard, *Descartes*, p. 39.
2. *Œuvres de Descartes*, t. I, p. 478.

étude des courbes, qui le conduit à une classification rationnelle, et à des règles générales pour trouver les tangentes ; surtout enfin, pour la résolution des équations, il a commencé là où Viète a fini. Il aime particulièrement à insister sur ses découvertes algébriques, et c'est à propos d'elles qu'il parle le plus volontiers d'application de sa méthode. Quand, par exemple, au milieu du second livre, le plus géométrique des trois qui composent sa *Géométrie*, il vient d'identifier un polynome à un produit contenant un carré en facteur, « je veux bien en passant, dit-il, que l'invention de supposer deux équations de même forme, pour comparer séparément tous les termes de l'une à ceux de l'autre, et ainsi en faire naître plusieurs d'une seule, dont vous avez vu ici un exemple, peut servir à une infinité d'autres problèmes, et n'est pas l'une des moindres de la méthode dont je me sers ». Je ne citerai pas tous les passages des lettres de Descartes où se manifeste son sentiment d'avoir surtout transformé l'algèbre. Le lecteur en trouvera quelques-uns dans l'ouvrage de M. Liard, — et je me contenterai d'en appeler à un seul autre témoignage. On sait que Descartes parle assez souvent d'une Introduction à sa *Géométrie*, qu'a rédigée un autre que lui, ce qui à ses yeux a été préférable, pour permettre à tout le monde de comprendre son livre. Or, nous avons la bonne fortune de posséder cette Introduction. Comme l'a démontré M. Henri Adam [1], c'est elle qui figure à la Bibliothèque royale de Hanovre, parmi les papiers de Leibniz, quoique n'étant pas de l'écriture de Leibniz, sous le titre : *Calcul de M. Descartes*. Avant de jeter les yeux sur son contenu, demandez-vous, je vous prie, comment vous l'auriez

1. *Bull. des Sc. math.*, 1896.

conçue vous-même, pour préparer le mieux possible un contemporain de Descartes à la lecture de son ouvrage. Est-il exagéré de dire que vous auriez consacré un long premier chapitre à la définition des coordonnées, à l'idée de la représentation des lignes par des équations, et que vous auriez multiplé les exemples pour habituer l'esprit à substituer le maniement des égalités algébriques à celui des figures ? — Vous n'imaginez pas à quel point vous vous seriez éloigné ainsi du plan du traité où Descartes a trouvé la meilleure Introduction possible à l'intelligence de sa *Géométrie*. Voici les titres des différents chapitres : I. Calcul des polynomes ; — II. Des fractions ; — III. Extraction de la racine quarrée ; — IV. Des quantités sourdes (lisez : irrationnelles) ; — V. Des équations. Après quoi, le traité se termine par quatre problèmes donnés en exemple. Et l'idée fondamentale de la géométrie analytique ? Une seule allusion y est faite dans les explications théoriques, et voici comment. On vient de dire que les équations doivent être, pour les problèmes déterminés, en aussi grand nombre que les inconnues, et l'on ajoute : « Que si l'on ne peut trouver autant d'équations qu'on a supposé de lettres inconnues, cela est un indice que le problème n'est pas entièrement déterminé. Et alors, on peut prendre pour l'une des lettres inconnues telle quantité qu'on voudra, et de sa variété naissent plusieurs points qui tous satisfont à la question, et qui composent des lieux plans, solides ou linéaires, s'il n'y a qu'une équation qui manque, et des lieux de superficie, s'il y en avait deux de manque, et ainsi des autres [1]. » L'un des exemples est, il est vrai, un problème indéterminé, où la question se résoud par conséquent par un lieu, mais

1. *Bull. des Sc. math.*, 1896, t. I, p. 241.

sans autre explication supplémentaire. L'auteur de ce traité, approuvé par Descartes, procède absolument comme si l'idée de la représentation des lieux par des équations était familière au lecteur, et comme si la manière dont la pratique Descartes ne se distinguait que par le perfectionnement de son calcul algébrique.

Nul doute que ces dispositions ne fussent conformes à l'état d'esprit de tous les géomètres contemporains. Fermat déclare que, chez les anciens, la recherche des lieux n'était pas suffisamment aisée ; mais il a bien le sentiment que son analyse, plus simple il est vrai, se présente comme une suite naturelle aux travaux des Apollonius et des Archimède : il s'y est préparé lui-même, d'ailleurs, par la reconstitution des lieux plans d'Apollonius. Leibniz, dans ses appréciations sur la *Géométrie* de Descartes, se montre très expressif. Après avoir dit que c'était Golius, très versé dans la géométrie des anciens, qui avait appelé l'attention de Descartes sur le problème de Pappus, il ajoute : « Ce problème cousta six semaines à M. des Cartes et fait presque tout le premier livre de sa *Géométrie*. Il servit aussi à désabuser M. des Cartes de la petite opinion qu'il avait eue de l'analyse des Anciens. J'ai cela de M. Hardy qui me l'a conté autrefois à Paris [1]... » A la vérité, Descartes n'a jamais été prodigue d'admiration pour l'analyse des anciens, et l'on chercherait vainement un mot, dans sa correspondance, atténuant le jugement que contient le *Discours de la Méthode*. Mais l'appréciation de Leibniz n'en a pas moins son importance. A ses yeux, la méthode qui a permis de résoudre le problème de Pappus, et qui a ainsi conduit Des-

1. Gerhardt, *Rem. sur l'abrégé de la vie de M. des Cartes*, t. IV, p 316.

cartes à tant de beaux résultats, n'est autre que l'analyse des anciens[1].

III

Au surplus, il est temps de se demander qui donc a raison des hommes du XVIIe siècle ou de ceux du XIXe. Ceux-là ont-ils exagéré l'importance du lien qui les rattachait aux anciens ? Ou est-ce nous qui avons décidément oublié ce que leur doivent les mathématiciens modernes ? Je ne crois pas qu'une hésitation soit possible. Si nous faisons abstraction des progrès réalisés dans l'expression, dans la forme du langage quantitatif, progrès auxquels les géomètres du XVIe et du XVIIe siècle, notamment Viète et Descartes, ont tant contribué, la géométrie analytique, la définition et l'étude des courbes d'après les relations quantitatives qui lient les coordonnées d'un point, la recherche et le maniement des lieux correspondant aux égalités où entrent des combinaisons de longueurs et de surfaces, en particulier l'application de ces lieux à la construction de certaines longueurs inconnues, tout cela a été manifestement l'œuvre des Grecs.

Et d'abord il n'est pas nécessaire, je crois, d'insister sur l'erreur de cette formule dont on a abusé, et qui montre dans la *Géométrie* de Descartes la première substitution de la quantité à la forme pour l'étude des courbes. Il n'est pas une courbe, pas même le cercle, dont la définition et l'étude géométrique ne s'accompa-

1. Descartes d'ailleurs, quand il ne s'agit plus de lui, mais de ses contemporains, comme Fermat, de qui il a lu au moins, à ce moment, le traité *de Maximis et Minimis*, déclare que « aucun n'a rien sceu faire que les Anciens aient ignoré ». (Lettre à Mersenne, t. I, p. 479.)

gnent, chez les anciens comme chez les modernes, d'une propriété quantitative caractéristique ; et nous avons fait remarquer ailleurs quel soin rigoureux l'auteur des *Éléments* prenait déjà d'éliminer de ses démonstrations tout ce qui aurait pu être un appel à l'intuition de la forme. Pour que de ces préoccupations naquît la géométrie analytique proprement dite, il fallait qu'on voulût systématiquement traduire les propriétés quantitatives caractéristiques en fonction des coordonnées d'un point. Or, c'est ce qui se trouve fait incontestablement dans la théorie des coniques, bien avant Apollonius.

Tout le monde sait comment se trouvent définies, chez les Grecs, les sections d'un cône par un plan : chacun des trois cas se distingue par la nature particulière de la relation où se trouve le carré de l'ordonnée par rapport au rectangle que forme l'abscisse avec une longueur donnée. Il y a égalité entre le carré et ce rectangle, si le plan sécant est parallèle à une arête du cône, et la section se nomme alors *parabole*. Quand le plan sécant ne coupe qu'une nappe du cône, le carré est inférieur au rectangle d'une quantité proportionnelle au carré de l'abscisse, et la section se nomme *ellipse*. Enfin, quand le plan coupe les deux nappes du cône, le carré dépasse le rectangle d'une quantité proportionnelle au carré de l'abscisse, et la section se nomme *hyperbole*. Le langage était assurément très lourd, mais qu'importe ? les noms mêmes donnés aux trois courbes sont fort éloquents. Ces expressions proviennent de problèmes quantitatifs déjà posés par les pythagoriciens et complètement traités sous leur forme la plus générale dans le sixième livre d'Euclide. Les mots *ellipse* et *hyperbole* indiquent que la surface à *appliquer* (παραβάλλειν) à une droite donnée doit être en défaut ou en excès (ἐλλεῖπον εἴδει, ὑπερβάλλον εἴδει) d'une autre surface donnée. L'*application* à une droite d'un rectangle égal à un carré donné s'appelait le problème de l'*application* ou de la *parabole* simple (παραβολή).

Ces termes sont empruntés à ce qu'on pourrait appeler l'algèbre courante des Grecs ; ils étaient usités bien avant qu'il fût question des sections du cône [1].

Les axes de coordonnées sont ordinairement le diamètre de la section et la tangente en son extrémité. Mais le géomètre grec ne s'astreint pas à ce choix unique, et les coordonnées pourront avoir des directions quelconques, non plus même liées à la conique, comme, par exemple, lorsqu'il s'agit de l'étude de l'hyperbole par rapport à ses asymptotes : Apollonius prend pour coordonnées d'un point les parallèles à des directions fixes *quelconques* menées par le point et limitées aux asymptotes ; ce sont, si l'on veut, les distances obliques aux asymptotes, prises dans des directions fixes tout à fait arbitraires. Il établit ainsi d'une manière très générale ce que nous appellerions l'équation de l'hyperbole rapportée à ses asymptotes.

Mais tout cela, dira-t-on peut-être avec Maximilien Marie, n'est pas vraiment la géométrie analytique ; celle-ci « ne consiste pas à rapporter uniquement une courbe à un système d'axes choisi exprès pour elle, puis une autre courbe à un autre système d'axes. Au contraire, elle consiste à rapporter au même système d'axes toutes les courbes simultanément envisagées dans une même recherche, de façon à remplacer l'étude de leurs contingences par celle des solutions com-

1. Cf. P. Tannery, De la géométrie grecque et de la solution des problèmes du second degré avant Euclide, *Mémoires de la Soc. des Sc. phys. et nat. de Bordeaux*, t. IV.

munes à leurs équations [1] ». Quelques lignes plus loin, Marie sent cependant qu'il doit mentionner une exception : « J'ai bien cru pouvoir signaler dans Archimède quelques vestiges d'éléments de géométrie analytique, mais c'est parce que (savourez ce que cette explication a de délicieux), c'est parce que ce grand homme, ayant à mettre en relation une parabole et une droite, exprime, comme nous le ferions aujourd'hui, la tangente de l'angle que la droite fait avec l'axe de la parabole, au moyen du rapport de la différence des ordonnées de deux de ses points à la différence de leurs abscisses. » — Mais il y a mieux que cet exemple pour répondre aux exigences de Marie. A défaut des études sur les lieux solides, qui composaient le livre malheureusement perdu d'Aristée, je rappellerai un problème familier à l'antiquité grecque, sur lequel aucun renseignement ne nous manque, et qui est fort instructif : il s'agit de la construction des deux moyennes proportionnelles. La tradition en rattache la première recherche à la question de la duplication du cube. C'est là vraisemblablement, en effet, la première occasion qui s'offrit de résoudre ce que nous appellerions l'équation du troisième degré, privée du second et du troisième terme ; mais ce ne fut pas la seule. Archimède rencontre plusieurs fois une relation quantitative analogue (par exemple, s'il s'agit de construire une sphère égale à un cylindre donné). Comment procède alors le géomètre grec ? Il dit simplement que la question se ramène à la construction connue de deux moyennes proportionnelles entre deux longueurs données. Qu'est-ce à dire ? Au lieu d'une inconnue, il en prend deux. Nous dirions simplement aujourd'hui qu'ayant à résoudre :

$$x^3 = a^2b,$$

1. T. IV, p. 11.

il prend une deuxième inconnue, y, telle que l'on ait :

$$\frac{a}{x}=\frac{x}{y}=\frac{y}{b}.$$

Les deux inconnues satisfont ainsi naturellement à deux relations, et il suffira de considérer ces inconnues comme les coordonnées d'un point commun aux lieux géométriques, définis par ces relations, pour qu'on sache les construire. Je n'exagère rien, et, pour en convaincre le lecteur, voici la solution du problème, telle que l'avait donnée Menechme, et telle qu'elle nous est conservée par Eutocius, dans son *Commentaire sur Archimède*. Je traduis littéralement, sans changer rien aux notations[1] : « Soient données les droites A et E. Il faut trouver entre A et E deux moyennes proportionnelles. Supposons-les trouvées, et soient B, Γ, ces moyennes. Traçons la droite ΔH que nous limiterons au point Δ ; portons sur elle ΔZ égale à Γ, et élevons la perpendiculaire ΘZ, sur laquelle nous prendrons ΘZ égal à B. Puisque les trois longueurs A, B, Γ, sont proportionnelles, le carré sur B (τὸ ἀπὸ B) est égal au rectangle construit sur A et Γ (τῷ ὑπὸ τῶν A καὶ Γ). Donc le rectangle construit sur la ligne donnée A et sur ΔZ est égal au carré sur ΘZ. Donc le point Θ est sur une parabole décrite par Δ. Traçons les parallèles ΘK, ΔK. Comme le rectangle construit sur B et Γ est donné, — car il est égal au rectangle construit sur A et E, — le rectangle construit sur les lignes KΘ et ΘZ est donné. Le point Θ est donc sur une hyperbole qui

1. Heiberg, *Œuvres d'Archimède*, t. III, p. 93.

admet KΔ et ΔZ pour asymptotes. Le point Θ est donc donné et aussi le point Z. »

Après l'analyse ainsi exposée, le géomètre grec reprend la démonstration par synthèse. J'en fais grâce au lecteur, qui la reconstituera aisément. A la suite de cette solution de Menechme, Eutocius nous en fait connaître une seconde, due au même géomètre, et qui conduit à l'intersection de deux paraboles (celles dont nous écririons les équations : $x^2 = ay$ et $y^2 = bx$).

Il est inutile d'insister, je crois, pour montrer l'identité, quant au fond, de pareils procédés avec ceux qu'emploieront Fermat et Descartes, et je doute que Marie lui-même, si son attention s'était suffisamment portée sur de pareils exemples, eût refusé d'y reconnaître la géométrie analytique telle qu'il l'a définie.

Est-il besoin d'ajouter qu'il y a assurément loin encore du langage quantitatif si lourd des géomètres anciens à l'algèbre de Descartes ? Mais ce que l'on oublie trop souvent, c'est que, si merveilleux que soient les résultats nouveaux apportés par Descartes et ses contemporains, ils viennent tout naturellement à la suite des travaux des Grecs. Même pour l'algèbre, même pour la résolution des racines d'une équation, en dépit de la simplicité de la langue nouvelle, les méthodes sont suscitées par l'exemple des anciens. Et cela est vrai pour Viète lui-même, qui, pourtant, ne cherche pas de lieux par la géométrie analytique : le procédé général par lequel il ramène la résolution des équations du 3e et du 4e degré à celle d'équations plus simples, et qui consiste à introduire, outre l'inconnue A, une deuxième inconnue E, de telle sorte qu'on ait deux relations au lieu d'une, entre A et E, ne rappelle-t-il pas, au fond, le procédé des Grecs pour l'équation du 3e degré ? Fermat, en revenant plus franchement à l'analyse géométrique des anciens, continuera Viète aussi, dont il respectera jusqu'aux notations *a* et *e*, pour les inconnues dont il fera des coordonnées, et Descartes dira qu'il commence où Viète a fini. La vérité est que, pour les uns et les autres, c'est la connaissance des travaux anciens qui excite leur ardeur et féconde leur génie.

Rev. Gén. des Sciences pures et appliquées, 1906.

DESCARTES ET LA LOI DES SINUS

En 1637 paraissait, à la suite du *Discours de la Méthode*, et comme l'un des « Essais de cette Méthode », la *Dioptrique* de Descartes, qui, dans le Discours Second, étudiait les réfractions et donnait une démonstration théorique de la loi des sinus. Cette démonstration était bientôt l'objet des plus vives discussions, notamment entre Descartes et Fermat. Mais, du vivant de Descartes, personne ne lui adressa d'autres reproches que d'être incompréhensible. C'est beaucoup plus tard, et, pour la première fois, vers 1662, que, sous la plume du savant Isaac Vossius, fut exprimée l'idée d'un plagiat. Vossius déclarait avoir vu un travail manuscrit de Snellius sur la lumière, où se trouvait indiquée, quoique sous une forme légèrement différente, la loi des sinus. Snellius était mort en 1626, et, d'après Vossius, Descartes avait pu facilement prendre connaissance de cette loi pendant son long séjour en Hollande, car Hortensius, élève de Snellius, et plus tard professeur lui-même à Amsterdam, l'avait exposée publiquement dans ses leçons. Christian Huygens alla plus loin. Dans sa *Dioptrique*, publiée seulement après sa mort, en 1703, on lit, à propos du manuscrit de Snellius : « Ce manuscrit est resté inédit. Je l'ai vu, et l'on m'a dit que Descartes, lui aussi, l'a vu ; c'est de là peut-être qu'il aura tiré sa mesure par les sinus [1]. »

1. Et nos vidimus aliquando et Cartesium quoque vidisse accepimus : ut hinc fortasse mensuram illam, quæ sinibus constitit, elicuerit. (*Opera reliqua*, t. II.)

Tous les accusateurs de Descartes, de Leibniz à Poggendorf, ont reproduit avec quelques variantes, et avec plus ou moins d'assurance dans leurs affirmations, ce qui fait le fond de ces deux témoignages.

Kramer[1], en 1883, a montré à quel point, cependant, l'hypothèse d'un plagiat est invraisemblable ; et, il y a une dizaine d'années, la découverte de quelques lettres échangées par Golius et Constantin Huygens, due au professeur Korteweg[2], est venue apporter des arguments nouveaux contre une accusation qui semble ne plus subsister que par l'effet d'une longue habitude. Mais il est trop vrai qu'elle subsiste, et il peut être fort utile d'y revenir.

I

Tout d'abord, quel est ce fameux séjour en Hollande pendant lequel Descartes aurait eu aisément connaissance de la loi de Snellius ? Nul doute qu'il ne s'agisse du long séjour de vingt ans qui dura de 1629 à 1649. Descartes s'était installé à Amsterdam, d'où il faisait de fréquents voyages à La Haye et aussi à Leyde, où Snellius, mort trois ans auparavant, avait enseigné longtemps, et où se trouvaient assurément nombre de ses amis et de ses disciples. C'est de là qu'en 1637 il publiait, dans sa *Dioptrique*, le résultat de ses recherches sur la réfraction. Pendant les huit ans déjà écoulés, n'était-il pas vraisemblable qu'il eût entendu parler de la découverte du savant hollandais ? — C'était si vraisemblable que nous pouvons affirmer presque à coup sûr, nous le verrons, que cela arriva réellement ; mais

1. *Zeitschrift für Math. und Phys.*, t. XXVII. — J'emprunterai beaucoup à cette étude.
2. Cf *R. de Mét. et de Mor.*, 1896.

cela n'a d'importance, au point de vue de l'accusation, que si, en 1629, Descartes n'était pas encore en possession de sa loi des sinus, comme l'ont certainement pensé Vossius, Huygens et Leibniz, mais comme il est impossible de le croire encore pour qui a jeté les yeux sur la correspondance de notre philosophe.

Pour qu'on s'y reconnaisse, un mot est pourtant nécessaire. La loi de la réfraction n'a surtout intéressé Descartes que pour les applications pratiques qu il a voulu en tirer. Le huitième discours de la *Dioptrique* traite tout au long « des figures que doivent avoir les corps transparens pour détourner les rayons par réfraction en toutes les façons qui servent à la veuë ». Il y est démontré que les rayons tombant sur le contour elliptique d'un morceau de verre auquel on a donné cette forme vont, après réfraction, concourir en l'un des foyers, pourvu seulement que le rapport de l'axe à la distance des foyers soit précisément égal à l'indice de réfraction du verre ; et il en est de même, sauf que le rapport est renversé, pour un morceau de verre à contour hyperbolique. C'est de là que Descartes tire la construction des appareils d'optique auxquels il attribue la plus grande importance. Nous reviendrons plus loin sur les propositions fondamentales de ce « discours » ; pour le moment, contentons-nous de remarquer que de pareils travaux supposent manifestement connue la loi des sinus, et revenons à la correspondance.

Dans ses lettres d'octobre et novembre 1629 adressées à Ferrier [1], Descartes, comme l'a observé Millet il y a déjà longtemps, se préoccupe sans aucun doute de faire

1. Adam et Tannery, t. I, p. 32 et 53.

tailler un de ces verres hyperboliques qui seront décrits dans la *Dioptrique* : ce qui nous montre Descartes en possession de sa loi très peu de temps après son installation en Hollande. Mais il y a mieux, et une autre lettre adressée à Golius le 2 février 1632 [1] est plus édifiante encore. Descartes avait fait connaître à son correspondant sa découverte de la loi des réfractions, et Golius, en réponse, a exprimé le désir de soumettre cette loi à l'épreuve de l'expérience. Descartes conseille d'adopter un dispositif qu'il décrit, en ajoutant que, quant à lui, il a jugé inutile d'en user : « Toute l'expérience que j'aie jamais faite en cette matière, dit-il, est que je fis tailler un verre, il y a environ cinq ans, dont M. Mydorge traça lui-même le modelle ; et, lorsqu'il fut fait, tous les rayons du soleil qui passaient au travers s'assemblaient tous en un point, justement à la distance que j'avais prédite. Ce qui m'assura ou que l'ouvrier avait heureusement failly, ou que ma ratiocination n'était pas fausse [2]. » Ce verre qu'a taillé Mydorge, et dont l'usage a constitué aux yeux de Descartes une vérification suffisante de sa loi, est également mentionné dans une lettre à Huygens, de décembre 1635 [3] : « Il y a déjà huit ou neuf ans, dit Descartes, que je fis aussi tailler un verre par le moyen du tour, et il réussit parfaitement bien. » Et, plus bas, Mydorge est nommé comme ayant lui-même exécuté l'ouvrage. Il est très intéressant de constater que ces indications, données à trois ans de distance, concordent pour rejeter vers 1627, ou peut-être 1626, le travail confié à Mydorge, et par conséquent la connaissance de la loi des sinus. Et par là se trouve renversée de façon caté-

1. Adam et Tannery, t. I, p. 236.
2. *Id.*, p. 239.
3. *Id.*, p. 335.

gorique l'hypothèse d'après laquelle le long séjour en Hollande et la fréquentation des savants de ce pays, après 1629, auraient permis à Descartes de surprendre et de s'approprier la découverte de Snellius. — Ajoutons qu'en ce qui concerne plus particulièrement Hortensius, il n'a enseigné qu'à partir de 1634 ; et, s il a exposé les travaux de Snellius, comme le dit Vossius, cela ne prouve plus rien contre Descartes.

Mais en 1629 Descartes n'allait pas en Hollande pour la première fois. Nous savons qu'il avait passé deux ans à Bréda, de 1617 à 1619, avec l'armée du prince Maurice ; puis qu'à son retour d'Allemagne, en décembre 1621, il s'était installé à La Haye jusqu'en février 1622, avant de rentrer en France. — Le plagiat pourrait-il remonter à l'un de ces deux séjours?

Il est impossible de fixer la date de la découverte de Snellius ; mais tout fait supposer qu'elle ne s'est produite que peu de temps avant sa mort. Vossius, qui a été en relation avec la famille de Snellius, puisque c'est d'elle directement qu'il dit avoir tenu le fameux manuscrit, nous apprend que le professeur de Leyde allait publier son travail quand la mort l'a frappé, en 1626. Et d'ailleurs, nous savons, par tous ses autres ouvrages, qu'il avait l'habitude de publier ses recherches à mesure qu'elles prenaient corps [1].

Mais voici qui est plus décisif. Parmi les savants qui ont approché Snellius, qui ont vécu longtemps à Leyde et même enseigné près de lui, il en est un qui semble particulièrement désigné, par l'intérêt qu'il prenait aux travaux de mathématiques et de physique, et par ses relations avec celui qu'il appelait son « maî-

1. Cf. la notice sur la vie et les travaux de Snellius par P. van Geer, *Archives néerlandaises*, t. XVIII.

tre très vénéré »,pour connaître une découverte aussi importante que celle de la loi de la réfraction, si elle se fût produite avant 1626. Golius, dont nous voulons parler, quitta Leyde et s'éloigna de Snellius en décembre 1625, pour un voyage en Orient, d'où il ne devait revenir qu'en 1629. Or, Golius, au commencement de 1632, ignore encore absolument les travaux de Snellius sur la réfraction. Nous le savions déjà par les lettres échangées à cette date entre lui et Descartes, notamment par celle de Descartes que nous avons mentionnée plus haut, du 2 février 1632. Mais nous avons mieux aujourd'hui, grâce au professeur Korteweg, d'Amsterdam ; nous savons désormais que cette année 1632 est celle où Golius, qui venait de connaître déjà par Descartes sa loi des sinus, découvrit le fameux manuscrit de Snellius. M. Korteweg a retrouvé quelques lettres fort importantes, dont l'une de Golius à Constantin Huygens. Par elle, nous apprenons quelle a été l'hésitation de Golius à accepter la loi de Descartes (*ingeniosi Descartes inventum*) ; il a voulu la vérifier par l'expérience (et cela confirme ce que nous avions vu d'autre part) ; mais ses hésitations n'ont pris fin que par la découverte de quelques écrits de Snellius, où il a trouvé la même loi, énoncée sous une autre forme. Et Golius, plein d'enthousiasme pour la rencontre merveilleuse des deux savants, dont l'un a été conduit par l'expérience, l'autre par le raisonnement, cite et compare les énoncés qu'ils ont donnés l'un et l'autre de la loi des réfractions. Tandis que Descartes fait porter la relation sur les sinus des angles d'incidence et de réfraction, Snellius, limitant par une même normale à la surface de séparation des deux milieux le prolongement du rayon incident et le rayon réfracté, énonce que le rapport de ces deux longueurs est constant. C'est, si l'on veut, le rapport des cosécantes, au lieu du rapport des sinus, ce qui revient au même.

Et Golius n'a pas été le seul à attendre la découverte du manuscrit, en 1632, pour en soupçonner seulement l'existence. Avec beaucoup de raison, M. Korteweg nous demande d'ajouter ici le nom du correspondant de Golius, de Constantin Huygens. Ses lettres à Golius le montrent justement préoccupé des problèmes de dioptrique. Il conseille à Golius (notamment en décembre 1629) de s'y appliquer avant tout. En 1632, il voit Descartes chez Golius, et l'entretien roule précisément sur la loi de la réfraction [1]. Comment supposer que, s'il eût connu le travail de Snellius, il n'en eût point parlé à Golius ? Constantin Huygens n'a certainement appris l'existence de ce travail que par la lettre que lui a adressée Golius en novembre 1632.

N'y a-t-il pas là la preuve suffisante que les recherches de Snellius sur la réfraction ou bien datent seulement des derniers temps de sa vie, ou bien sont restées de son vivant rigoureusement secrètes ? Et si l'on songe alors que l'accusation formulée contre Descartes exige, pour être encore valable, qu'avant février 1622 : 1° Snellius ait été en possession de sa loi, 2° Descartes en ait eu connaissance, — on sentira à quel point elle est insoutenable.

Il est un dernier point sur lequel M. Korteweg appelle l'attention.

Les relations établies entre Golius, Constantin Huygens et Descartes ne permettent pas de douter, quoique nous ne puissions citer sur ce point aucun texte, que Descartes n'ait lui-même été mis très vite au

1. Cf. Korteweg, *op. cit.*

courant des recherches et des conclusions de Snellius. La correspondance qu'échange notre philosophe avec Golius en 1632 ne pouvait pas ne pas se continuer par la mention si importante de la découverte des papiers de Snellius, et par l'adhésion définitive à la loi des sinus qu'elle entraînait chez Golius, sans qu'il sentît désormais le besoin d'expériences nouvelles. Donc en 1632, cinq ans avant la publication de la *Dioptrique*, Descartes a su certainement par les savants hollandais et l'existence et le contenu du manuscrit. Peut-être même l'a-t-il vu ; et peut-être aussi, dans l'esprit de Constantin Huygens, la confirmation qu'apportait la découverte de Golius à la loi cartésienne de la réfraction a-t-elle donné lieu à la longue à quelque malentendu dans les conversations qu'il eut à ce sujet avec son fils. En tous cas, celui-ci était un enfant en 1632. Les quelques faits précis qu'il tenait de son père : 1° antériorité probable de Snellius sur Descartes dans la solution du problème des réfractions ; 2° connaissance prise par Descartes en 1632 de la solution de Snellius ; 3° publication tardive de la *Dioptrique* en 1637, pouvaient bien, soixante ou soixante-dix ans plus tard, amener sous la plume de Christian Huygens une affirmation qui, prise à la lettre, n'a probablement rien d'inexact, mais qui n'a plus la signification qu'on lui donnait [1].

II

Tout est-il clair maintenant ? Et pouvons-nous envisager avec une sereine tranquillité un soupçon, d'où qu'il vienne ? Pas encore. Peut-être même avons-nous laissé de côté jusqu'ici le grief le plus fort, celui qui a

1. Cf. Korteweg, *op. cit.*

été plus ou moins visé par les accusateurs de Descartes, mais qui, en tous cas, a joué le plus grand rôle dans les esprits, et aujourd'hui encore laisse subsister quelque doute chez ceux qui sont le plus disposés à croire. C'est la difficulté de penser que Descartes ait été vraiment amené à sa loi par l'étrange démonstration qu'il en donne, et, sinon, l'ignorance où nous sommes de la voie qui l'y a conduit.

Voyons de plus près, et rappelons d'abord en peu de

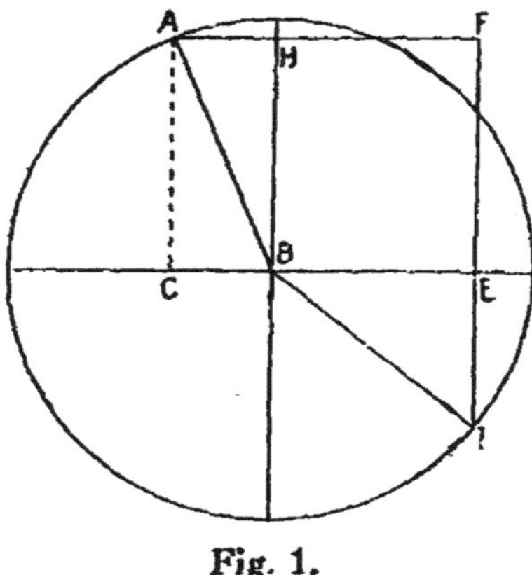

Fig. 1.

mots la démonstration de Descartes : assimilons le mouvement de la lumière à celui d'une balle qui, ayant décrit le chemin AB (fig. 1), rencontrerait en B une toile CBE, et la traverserait, mais de telle façon que, par exemple, sa vitesse serait réduite de moitié. Le nouveau chemin BI serait parcouru en deux fois plus de temps que l'a été AB. Mais il est évident, pour Descartes, que la balle ne perdrait rien de sa détermination horizontale, laquelle, ne rencontrant pas la toile, ne saurait être empêchée par elle ; et dès lors, en deux fois plus de temps, c'est le double de AH, c'est-à-dire HF, qui serait parcouru vers la droite. Le point I s'obtiendrait donc par l'intersection de la circonférence et de la verticale FI telle que HF fût le double de AH, ou, en d'autres termes, le chemin BI s'obtiendrait par la condition que le rapport des sinus des angles d'incidence et de réfraction fût l'inverse de celui des vitesses dans les deux milieux.

Les idées maniées dans cette démonstration témoignent de toute la confusion qui régnait encore dans les notions fondamentales de la science du mouvement. En particulier, nous voyons Descartes distinguer radicalement le mouvement, ou la quantité de mouvement et, par suite, la vitesse d'où elle dépend, — de la détermination, ou tendance à se mouvoir dans telle ou telle direction. Dans le fait de la réflexion, par exemple, d'une balle sur un corps dur, Descartes voyait la détermination changer, mais non le mouvement ou la vitesse. — Mais ce n'est pas cette distinction qui suffirait à nous troubler. Fermat la fera lui aussi, plus rigoureusement que Descartes lui-même, ce qui ne l'empêchera pas de trouver cette démonstration absolument incompréhensible. — Faut-il parler de ce qu'il y a de contradictoire à comparer le mouvement de la lumière, dont le déplacement est instantané pour Descartes, à celui d'une balle dont la vitesse est finie et se modifie dans certaines circonstances ? Fermat ne manque pas de le faire remarquer, et Descartes répond que l'instantanéité du déplacement ne s'oppose pas à une action plus ou moins forte. Au fond, vitesse, mouvement, force, action, tout cela se confond ici pour Descartes, et c'est grâce à cette confusion que, passant de la vitesse à l'action et à la résistance, il croit pouvoir répondre à Fermat. Mais peu importe ! tout cela n'est que peccadille, et Fermat lui-même n'insistera pas. Il est difficile, d'ailleurs, de méconnaître l'intérêt qu'il y a dans cette tentative de Descartes de constituer une théorie cinétique des phénomènes lumineux, et l'on peut bien dire, avec Poggendorf, — qui pourtant est à son égard un juge si sévère, — qu'il ouvrait ainsi la voie à Huygens et à Newton. Enfin, de quelque manière que se meuve la lumière, le principe d'après lequel son mouvement peut se décomposer suivant une parallèle à la surface de séparation et suivant une normale, n'a rien que de fort naturel. Descartes trouvait cette décomposition toute faite chez Alhazen et Witelo (ce dernier est celui qu'il appelle Vitellio, comme Kepler). Nous lisons en effet dans Kepler, à propos de ces savants : « *Addunt subtile nescio quid : motum lucis oblique incidentis componi ex motu perpendiculari et motu parallelo ad densi superficiem eumque motum sic compositum non aboleri ab occursu pellucidi densioris, sed tantum impediri.* » [Ed. Frisch, t. II, p. 181.]

Fermat, que je continue à citer, parce qu'il offre l'exemple d'un esprit sincère, large, intelligent, absolument impartial, s'efforçant en vain de comprendre Descartes, Fermat acceptera fort bien le principe de la décomposition du mouvement de la lumière, mais il demandera qu'on l'applique de tout autre manière que Descartes. Par exemple, admettant que le mouvement soit accéléré ou retardé dans le sens de la normale à la surface, il cherchera la résultante de la force qui pousse la lumière dans la direction du rayon incident et de celle qui s'ajoute dans la direction de la normale, et il conclura que la direction du rayon réfracté se trouve alors définie par un rapport de sinus, mais non point de ceux qui interviennent dans la loi de Descartes. Fermat s'écarte d'ailleurs des hypothèses de Descartes en faisant porter l'accélération ou le ralentissement, déterminé par les milieux, sur la détermination normale du mouvement et non sur la direction, inconnue d'abord, du rayon réfracté, — et, d'autre part, en ne tenant pas compte de ce que la détermination parallèle à la surface de séparation reste constante. Qu'il discute avec Descartes, ou plus tard avec Clerselier, il varie ses objections ; jamais il ne se résout à adopter les postulats de Descartes. Ce sont ces postulats, et surtout le postulat relatif à la détermination parallèle, qu'il se refuse absolument à accepter. Or, c'est là vraiment qu'est le nœud de la démonstration cartésienne ! Que ce soit la vitesse totale qui soit modifiée dans des conditions déterminées, malgré ce que l'hypothèse présente d'arbitraire, on peut dire qu'elle ne surprend pas trop chez Descartes ; cela peut se rattacher à l'idée que la détermination est distincte de la vitesse. Dans la réflexion, la vitesse se conserve ; dans la réfraction, la vitesse est modifiée dans un rapport qui dépend des milieux... Soit ! Mais que l'on comprend Fermat ne pouvant accepter alors que la détermination parallèle à la surface reste la même après comme avant que la lumière a passé d'un milieu dans l'autre !

Certes, Descartes est sincère et convaincu de l'évidence des principes qu'il énonce, mais d'où tire-t-il cette étrange hypothèse ? A la rigueur, quand il s'agit de la réflexion, on comprend qu'il se laisse guider par le fait que « la rencontre de la terre ne peut empêcher que l'une des deux déterminations et non point l'autre » ; mais Fermat, très justement, lui demandera comment la même raison subsiste, quand la terre est remplacée par une toile que traverse la lumière.

En somme, il ne faut pas que le mot de détermination cache ce qu'il y a d'étrange dans l'hypothèse de Descartes. Il nous demande d'admettre que le mouvement de la lumière étant devenu deux fois plus lent (de B à I), le mouvement vers la droite garde sa vitesse première, de telle sorte que le sinus de l'angle de réfraction soit double du sinus de l'angle d'incidence. Autant vaut dire, et c'est la meilleure manière d'expliquer l'assurance tranquille de Descartes énonçant son postulat, qu'il nous demande d'admettre que le sinus devient double quand le passage de la lumière d'un milieu dans l'autre a pour effet de rendre sa vitesse deux fois moindre ; et, de même, que le sinus devient moitié, si la vitesse se double; bref, que le rapport des sinus garde une valeur fixe, qui ne dépend que de la nature des deux milieux. La seule excuse de l'hypothèse de Descartes est qu'elle fournit un rapport constant des sinus, et inconsciemment, sans doute, il reporte, sur le postulat d'où il la déduit, la conviction où il est déjà de la réalité de la loi. Fermat ne manquera pas de dire, dans sa controverse avec Clerselier, qu'il ne pourrait admettre les postulats de Descartes que si la loi était exacte. En fait, il ne croira lui-même à la loi que quand il l'aura retrouvée, mais en se fondant sur un tout autre principe (à savoir que le chemin parcouru par la lumière de A à I doit être un minimum [1]).

Mais alors d'où venait à Descartes cette connaissance de la loi des sinus ? — Peut-on songer à l'expérience ? On sait bien que Descartes a été à ses heures excellent observateur, et, en ce qui concerne les réfractions, sa lettre à Golius ne contient-elle pas d'excellents conseils ? Mais, dans cette lettre même, nous l'avons vu, Descartes déclare n'avoir fait aucune des observations qu'il conseille ; son unique expérience sur la réfraction a

1. Pour Fermat, le rapport des sinus sera égal au rapport des vitesses, et non à l'inverse comme pour Descartes.

consisté à faire tailler un verre à travers lequel les rayons du soleil ont convergé dans les conditions prévues. Et nous n'avons aucune raison de penser que Descartes ne dit pas sur ce point la vérité exacte

Du moins, cette expérience unique dont il parle peut nous faire deviner le processus qu'a suivi sa pensée pour arriver à soupçonner la loi des sinus. Les problèmes relatifs à la taille des verres, dont il nous fait connaître les propriétés au chapitre VIII de la *Dioptrique*,

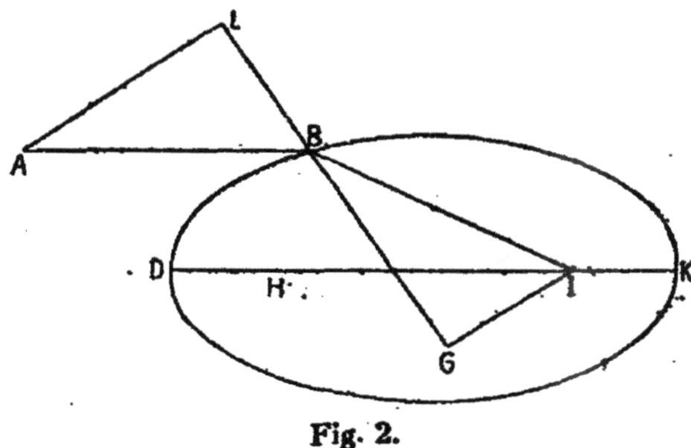

Fig. 2.

font tous suite à un premier problème, supposé résolu, sur lequel il s'explique dans ce même chapitre, et qui n'est autre chose qu'un problème de géométrie relatif à la théorie des coniques. L'énoncé est le suivant :

Étant donnée une ellipse ou une hyperbole, sur laquelle tombe un rayon parallèle à l'axe focal, à quelle condition géométrique le rayon réfracté passera-t-il par l'un des foyers ? Supposons, pour préciser, qu'il s'agisse de l'ellipse, rencontrée en B par un rayon parallèle au grand axe (fig. 2). Joignons B au foyer I, prenons sur la parallèle à l'axe une longueur BA égale à BI ; puis menons la normale en B, sur laquelle nous abaisserons les perpendiculaires AL, IG. Descartes montre très simplement, par considération de triangles semblables, que les longueurs AL et IG doivent être entre elles comme l'axe DK est à la distance des foyers HI. Le rapport des longueurs AL et IG représentant d'ailleurs le rapport des sinus des angles ABL et IBG, la condition pour que le rayon AB passe, après réfraction, par le foyer I, est, en somme, que les angles d'incidence et de réfraction aient leurs sinus dans le rapport de DK à HI. Il y a là un problème de mathématiques qui dut être assez facile pour Descartes, et qui peut bien remonter à ses premières recherches sur les coniques [1]. Tout au plus se demandera-t-on comment il avait eu l'idée de se le poser. Mais la construction d'instruments d'optique destinés à aider la vision était trop à l'ordre du jour, et, si l'on songeait à un contour elliptique ou hyperbolique, les foyers étaient trop désignés, ne fût-ce que par leurs noms, pour marquer les points où les rayons solaires avaient des chances de se concentrer, si c'était possible, pour que nous ne soyons pas autrement surpris de voir Descartes chercher de ce côté.

Mais la solution de ce problème tout géométrique ne donnait certes pas la loi de la réfraction. Elle apprenait seulement que des rayons parallèles à l'axe passeront après réfraction par le foyer I, si, pour certaines positions du point B sur la courbe, la loi inconnue suivant laquelle s'effectuent physiquement les réfractions permet que les sinus des angles ABL, IBG, aient entre eux le rapport voulu. Existera-t-il de pareilles positions du point B ? Ce n'est pas impossible *a priori*. Qui sait si — supposée connue la loi de la réfraction — le problème qui aurait pour objet de trouver de tels points B ne pourrait pas devenir indé-

1. Cf. Kramer, *op. cit.*

terminé ? et qui sait si, pour une grandeur convenable donnée aux éléments de la conique, tous les rayons parallèles ne viendraient pas passer par I ? Ce serait là le cas le plus heureux. Il se produirait si la loi de la réfraction, qui doit poser, elle aussi, une relation entre les angles, se confondait précisément avec la condition que le rapport des sinus restât le même, quel que fût le point B, — pourvu seulement que le rapport du grand axe à la distance des foyers représentât justement la valeur constante de ce rapport. Cette dernière valeur, si cela se réalisait, s'obtiendrait aisément par une seule expérience, faite sur un morceau de verre, et il resterait à le tailler selon un contour elliptique dont l'excentricité serait connue d'avance, pour que les rayons parallèles à l'axe vinssent concourir au foyer après réfraction. Or, c'est là précisément l'expérience unique de Descartes. Mydorge a taillé un verre hyperbolique, — l'hyperbole devant avoir une excentricité connue d'après le rapport des sinus calculés dans une observation quelconque sur un morceau de verre, — et le succès de l'expérience a pu suffire pour changer en certitude ce qui n'était que soupçonné, sauf pour Descartes à y ajouter l'évidence dernière par la « ratiocination » que nous savons.

C'est Kramer, le premier, qui a essayé de rattacher ainsi la découverte de la loi des sinus à l'étude géométrique des coniques. Et, en vérité, il est surprenant que cela n'ait pas davantage frappé ceux qui, après lui, ont examiné la même question. Van Geer, dans sa notice sur Snellius, est amené à résumer le Mémoire de Kramer ; il ne mentionne même pas ce qui est relatif au problème géométrique que Descartes a résolu. Le professeur Korteweg, après avoir insisté sur l'invraisemblance du plagiat, se demande comment Descartes a pu parvenir à sa loi. Il juge très peu concluante, parce que trop peu précise, l'expérience rendue possible par le verre de Myuorge, et finalement, sans avoir mentionné non plus le problème sur les coniques, il s'en remet pour l'explication cherchée au caractère de Descartes, qui l'inclinait « à l'enthousiasme et aux convictions fortes, même en des choses incertaines ».

Au surplus, il est possible que le processus, tel qu'il vient d'être présenté, laisse subsister encore quelques difficultés. La géométrie ayant conduit Descartes à mettre les sinus en évidence, n'aurait-il pas un peu vite soupçonné qu'une relation constante va porter précisément sur ces lignes dans le phénomène physique de la réfraction ? Y aurait-il là quelque divination de génie, capable de nous surprendre par son caractère exceptionnel ?

Remarquons, en tous cas, que l'étonnement serait aussi naturel pour la découverte de Snellius. Il ne suffit pas, en effet, de dire, avec Golius, qu'il a tiré sa loi de l'expérience. S'il l'en a tirée, c'est qu'il la lui a demandée, et que, ne doutant pas *a priori* de l'existence d'une relation constante, il a songé à porter son attention sur les cosécantes des angles d'incidence et de réfraction. Mais, en vérité, pour lui comme pour Descartes, y a-t-il là autre chose que la suite naturelle des recherches de Képler ? L'un et l'autre l'ont eu pour maître en optique. Descartes le déclare nettement [1] ; et quant à Snellius, il s'était de bonne heure lié d'amitié avec Képler, qu'il avait connu à Prague, dans l'entourage de Tycho-Brahé. Or, quand on jette les yeux sur les écrits de Képler relatifs à la réfraction, on est frappé de voir à quel point il est près de saisir la véritable loi. Ses expériences,

1. Adam et Tannery, t. II, p. 86.

répétées à l'aide d'un dispositif très simple, qui lui donne avec précision les angles d'incidence et de réfraction, l'amènent assez vite à corriger les résultats obtenus au XIIIe siècle par le Polonais Witelo : les angles eux-mêmes ne sont pas dans un rapport constant, comme celui-ci l'avait cru, du moins dès qu'ils cessent d'être très petits. Képler cherche quelle correction il faut faire subir à l'énoncé de Witelo, et essaie de faire jouer un rôle aux sécantes des angles d'incidence. La figure sur laquelle il raisonne fait souvent songer à celle de Snellius, mettant en évidence les parties des rayons limitées par une normale voisine, et l'on se demande comment, parmi toutes les lignes qu'on peut essayer de comparer, il ne songe pas à ces deux longueurs. Quand il cherche de quoi dépend, dans la réfraction, le relèvement de l'image du fond, il songe, parmi un assez grand nombre d'hypothèses qu'il énumère, à faire intervenir les sinus des angles d'incidence... (*Quinto, an ascendant imagines in proportione sinuum inclinationum ?* Frisch, II, p. 184.) Il ne s'agit pas là précisément de saisir le rapport entre les sinus des angles qui se correspondent par la réfraction, mais il est intéressant de voir Képler porter tout naturellement son attention sur les lignes trigonométriques des angles, tantôt sur la sécante, tantôt sur le sinus. Bref, on sent, en le lisant, qu'il ne lui a presque rien manqué pour parvenir à la loi de la réfraction ; et, loin d'être surpris par la découverte simultanée de ses continuateurs, Snellius et Descartes, on s'étonne de ne pas la trouver chez Képler lui-même.

Peut-être alors vraiment toutes les difficultés tombent-elles, dans la question qui nous préoccupait. S'il en reste du moins, provenant du ton ou de l'attitude de Descartes, s'il nous apparaît parfois comme ne ressemblant à personne, eh bien ! c'est qu'il est Descartes, et c'est en quoi ses singularités nous intéressent presque autant que ses découvertes elles-mêmes, pourvu seulement qu'on n'en tire point argument dans une accusation que ne pourrait plus étayer un seul grief positif.

Rev. Gén. des Sc. pures et appliquées, 1907.

LES LOIS DU MOUVEMENT ET LA PHILOSOPHIE DE LEIBNIZ.

Quand on lit les œuvres philosophiques de Leibniz, on est frappé de l'importance qu'il donne à ses propres recherches sur les lois du mouvement. On voit sans peine qu'à ses yeux l'intérêt de ses découvertes dans cette question dépasse de beaucoup les bornes de la science de la nature et touche aux problèmes les plus essentiels de la métaphysique. Mais c'est par une série d'allusions plus que par un exposé complet présenté une fois pour toutes que Leibniz donne cette impression. Il en résulte quelque obscurité dans l'esprit du lecteur ; celui-ci n'aperçoit pas toujours avec clarté dans quel rapport se trouve la philosophie leibnizienne avec l'énoncé de quelques lois de dynamique. Peut-être les réflexions suivantes, qui précisément veulent jeter sur ce point quelque lumière, ne seront-elles pas tout à fait inutiles.

I

C'est avant tout contre le principe cartésien de la conservation de la quantité de mouvement que Leibniz a dirigé ses efforts. La quantité de mouvement d'un corps, c'est le produit de sa masse par sa vitesse. Affirmer la conservation de la quantité de mouvement dans l'univers, c'est affirmer l'invariabilité de la somme des quantités de mouvement de tous les éléments de matière. Comment Descartes démontrait-il cette grande loi ? Il prétendait la faire dériver de l'immutabilité de Dieu, qui « doit conserver en l'Univers, par son concours ordinaire, autant de mouvement et de repos qu'il y a mis en le créant [1] ». A quel point cette argumentation est fragile, il est à peine utile de le faire remarquer. S'il doit y avoir un lien étroit entre l'immutabilité divine et la constance d'une somme, pourquoi choisir la somme de la quantité de mouvement de préférence à une autre ? C'est à peu près ce que dit Leibniz : « Quæ hic ratio sumitur a constantia Dei quam debilis sit, nemo non videt, quoniam etsi constantia Dei summa sit, nec quicquam ab eo nisi secundum præscriptæ dudum seriei leges mutetur, id tamen quæritur, quidnam conservare in serie decreverit [2]. »

Mais Leibniz connaît les tendances de l'esprit de Descartes : il sait que si par tempérament il ne voit toute la vérité d'une proposition qu'à la lumière de quelque principe d'où elle se déduise, ce n'est ordinairement pas le chemin naturel qu'a suivi sa pensée pour y parvenir. A propos de la réfraction, par exemple, Leibniz — pas plus que Fermat — n'a pris au sérieux l'étrange démonstration de Descartes, et il a refusé de croire qu'il lui dût vraiment la connaissance de la loi des sinus. « Lorsque les rayons observent dans les mêmes milieux la même proportion des sinus, qui est aussi celle des résistances des milieux, il se trouve que c'est la voie la plus aisée ou du moins la plus déterminée pour passer d'un point donné dans un milieu à un point donné dans un autre. Et il s'en faut beaucoup que la démonstration de ce même théorème, que

1. *Principes*, IIe partie.
2. Ed. Gerhardt, t. IV, p. 370.

M. Descartes a voulu donner par la voie des efficientes, soit aussi bonne. Au moins y a-t-il lieu de soupçonner qu'il ne l'aurait jamais trouvée par là, s'il n'avait rien appris en Hollande de la découverte de Snellius [1]. » Leibniz a tort de ne pas songer à la possibilité que Descartes ait trouvé sa loi autrement; mais sa remarque reste vraie en tout cas, si elle exprime seulement la défiance avec laquelle nous devons accueillir les raisons que Descartes nous donne de ses convictions. S'il s'agit de la constance de la quantité de mouvement, Leibniz n'a pas de peine à en trouver une justification raisonnable, ou tout au moins qui mérite examen, dans l'étude des *cinq machines connues*, le levier, la vis, la poulie, le coin, le tour. « Complures mathematici cum videant in quinque machinis vulgaribus celeritatem et molem inter se compensari, generaliter vim motricem æstimant a quantitate motus, sive producto ex multiplicatione corporis in celeritatem suam [2] ». Et de fait, nous savons bien que l'attention de Descartes a été tout particulièrement attirée sur les conditions d'équilibre de ces cinq machines, puisque nous avons les considérations fort courtes, mais très substantielles qu'il a écrites pour « l'explication des machines et engins par l'aide desquels on peut avec une petite force lever un fardeau fort pesant ». Ce qui ressort clairement de ces quelques pages, c'est qu'en effet, comme le dit Leibniz, les masses qui doivent s'équilibrer l'une l'autre sont en raison inverse des vitesses des points où elles sont appliquées. Car si nous considérons un levier AB, par exemple, dont le point fixe soit en O, l'effort exercé en A, pour vaincre

1. Gerhardt, t. IV, p. 448.
2. Ed. Dutens, t. III, p. 180.

une résistance qui se trouve en B, doit être à cette résistance comme sont entre elles les longueurs OB et OA, c'est-à-dire comme sont entre eux les arcs décrits par les extrémités B et A, dans l'instant où l'engin produit son effet. Ces résultats ne sont pas contestables, mais il reste à se demander si de l'égalité des produits de la masse par la vitesse qui se trouve ainsi postulée comme condition d'équilibre dans un cas tout particulier, on a le droit de tirer la loi de Descartes. Pour démontrer l'erreur qui se cache dans cette généralisation hâtive, Leibniz formulera deux sortes d'arguments. D'une part, il fera voir directement que ce n'est pas le produit mv, mais bien mv^2 qui se conserve ; d'autre part il montrera que de la loi cartésienne découleraient des conséquences contraires au sens commun et à une expérience constante.

1° Pour sa réfutation directe de la loi, il invoque un principe que ses adversaires ne sauraient songer à contester ; c'est celui même que Descartes a énoncé au début de son étude sur les machines : « L'invention de tous ces engins, disait-il, n'est fondée que sur un seul principe, qui est que la même force qui peut lever un poids, par exemple de 100 livres, à la hauteur de deux pieds, en peut aussi lever un de 200 livres à la hauteur d'un pied, ou un de 400 à la hauteur d'un demi-pied, et ainsi des autres, si tant est qu'elle lui soit appliquée. Et ce principe ne peut manquer d'être reçu, si on considère que l'effet doit être toujours proportionné à l'action qui est nécessaire pour le produire : de façon que s'il est nécessaire d'employer l'action, par laquelle on peut lever un poids de 100 livres à la hauteur de 2 pieds, pour en lever un à la hauteur d'un pied, celui-ci doit peser 200 livres : car c'est le même de lever 100 livres à la hauteur d'un pied et derechef encore

100 à la hauteur d'un pied, que d'en lever 200 à la hauteur d'un pied, et le même aussi que d'en lever 100 à la hauteur de 2 pieds. » Leibniz s'arme purement et simplement de ce principe et, après avoir rappelé qu'un corps tombant d'une certaine hauteur acquiert précisément la vitesse qu'il lui faudrait pour remonter aussi haut, il présente ainsi sa démonstration : « Je suppose qu'il faut autant de force pour élever un corps A d'une livre à la hauteur CD de quatre toises, que d'élever un corps B de quatre livres à la hauteur EF d'une toise. Il est donc manifeste que le corps A étant tombé de la hauteur CD a acquis autant de force précisément que le corps B tombé de la hauteur EF ; car le corps B étant parvenu en F et y ayant la force de remonter jusqu'en E, a par conséquent la force de porter un corps de quatre livres, c'est-à-dire son propre corps, à la hauteur EF d'une toise, et de même le corps A étant parvenu en D et y ayant la force de remonter jusqu'en C, a la force de porter un corps d'une livre, c'est-à-dire son propre corps, à la hauteur CD de quatre toises. Donc la force de ces deux corps est égale. Voyons maintenant si la quantité de mouvement est la même de part et d'autre. Mais c'est là où on sera surpris de trouver une différence grandissime. Car il a été démontré par Galilée que la vitesse acquise par la chute CD est double de la vitesse acquise par la chute EF, quoique la hauteur soit quadruple. Multiplions donc le corps A qui est comme 1 par sa vitesse qui est comme 2, le produit ou la quantité de mouvement sera comme 2 ; et d'autre part multiplions le corps B qui est comme 4 par sa vitesse qui est comme 1 ; le produit ou la quantité de mouvement sera comme 4 : donc la quantité de mouvement du corps A au point D est la moitié de la quantité de mouvement du corps B au point F ;

et cependant leurs forces sont égales. Donc il y a bien de la différence entre la quantité de mouvement et la force, ce qu'il fallait montrer [1]. » Ainsi s'exprime Leibniz dans le discours de métaphysique, répétant en substance la fameuse démonstration parue dans les *Acta Eruditorum* de 1686 [2]. Il ne se borne pas par là à montrer la fausseté de la loi cartésienne, il fait voir comment doit se mesurer la force, car il résulte de son raisonnement que si ce n'est pas le produit de la masse par la vitesse qui se retrouve de part et d'autre le même dans son exemple, c'est le produit de la masse par la hauteur à laquelle elle s'élèvera, c'est-à-dire aussi, d'après les lois de Galilée, le produit de la masse par le carré de la vitesse.

2° La loi cartésienne conduit à admettre, prétend Leibniz, que la force se crée ou se perd ou, si l'on veut, que certains effets naissent de rien, tandis que d'autres ne reproduisent pas l'action tout entière de la cause. En particulier, la production d'effet sans cause équivalente aurait pour conséquence le mouvement perpétuel dont l'expérience démontre suffisamment l'impossibilité. « Si on suppose que toute la force d'un corps de 4 livres dont la vitesse est d'un degré doit être donnée à un corps d'une livre, celui-ci recevra non pas une vitesse de 4 degrés suivant le principe cartésien, mais de 2 degrés seulement, parce qu'aussi les corps ou poids seront en raison réciproque des hauteurs auxquelles ils peuvent monter en vertu des vitesses qu'ils ont ; or ces hauteurs sont comme les carrés des vitesses. Mais si le corps d'une livre devait recevoir 4 degrés de vitesse, suivant Descartes, il pourrait

1. *Discours de métaphysique*, XVII.
2. *Brevis demonstratio erroris memorabilis*. Dutens, t. III.

monter à la hauteur de 16 pieds, ce qui est impossible, car l'effet est quadruple : ainsi on aurait gagné et tiré de rien le triple de la force qu'il y avait auparavant. C'est pourquoi je crois qu'au lieu du principe cartésien on pourrait établir une autre loi de la nature que je tiens la plus universelle et la plus inviolable, savoir : qu'il y a toujours une parfaite équation entre la cause pleine et l'effet entier. Elle ne dit pas seulement que les effets sont proportionnels aux causes, mais de plus que chaque effet entier est équivalent à sa cause [1]. » Dans une note publiée trois ans plus tard, il reprend le même raisonnement et montre que d'une semblable création d'effet supérieur à sa cause naîtrait le mouvement perpétuel.

Dans d'autres cas, c'est le contraire qui se produirait par suite de la loi cartésienne. « Considérons, dit Leibniz dans sa réplique à l'abbé de Conti, la troisième règle du mouvement pour servir d'exemple, et supposons que deux corps B et C, chacun d'une livre, aillent l'un contre l'autre, B avec une vitesse de 100 degrés, et C avec une vitesse d'un degré. Toute leur quantité de mouvement sera 101. Mais si C avec sa vitesse peut monter à un pouce de hauteur, B pourra monter avec la sienne à 10.000 pouces, ainsi la force de tous les deux sera d'élever une livre à 10.001 pouces. Or, suivant cette troisième règle cartésienne, après le choc ils iront encore de compagnie avec une vitesse comme 50 et demi, afin qu'en la multipliant par 2 (nombre des livres qui vont ensemble après le choc) il revienne la première quantité de mouvement 101. Mais ainsi ces deux livres ne se pourront élever ensemble qu'à une hauteur de 2.550 pouces et un

1. *Réplique à l'abbé de Conti*, Dutens, III, p. 197.

quart (qui est le carré de 50 et demi), ce qui vaut autant que s'ils avaient la force d'élever une livre à 5.100 et demi, au lieu qu'avant le choc il y avait la force d'élever une livre à 10.001 pouces. Ainsi presque la moitié de la force sera perdue en vertu de cette règle sans aucune raison et sans être employée à rien. Ce qui est aussi peu possible que ce que nous avons montré auparavant dans un autre cas, où en vertu du même principe cartésien général, on pourrait gagner le triple de la force sans aucune raison [1]. »

Cette discussion avec l'abbé de Conti nous fait passer de la critique de la loi cartésienne elle-même à celle des règles qui avaient été formulées pour les différents cas du choc de deux corps, et qui se trouvaient être aux yeux de Descartes de simples applications de cette loi. Elles sont assez souvent dans les écrits de Leibniz l'objet de vives attaques. Outre qu'elles rappellent constamment un principe dont la fausseté a été démontrée, et encourent par conséquent des reproches analogues aux précédents, il est un argument que Leibniz invoque fréquemment contre elles, c'est qu'elles impliquent une discontinuité flagrante dans la suite des phénomènes. Exemple : si deux corps B et C vont l'un vers l'autre avec des vitesses égales, B, étant plus grand que C, Descartes veut que C se réfléchisse en gardant sa vitesse, sans que rien soit changé au mouvement de B ; tandis que si B et C étaient égaux ils se réfléchiraient tous deux d'après Descartes (comme aussi d'ailleurs d'après Leibniz) dans des directions opposées à celles qu'ils avaient d'abord. Dès lors imaginons que dans le cas ou B et C sont inégaux, nous fassions décroître peu à peu leur différence de

1. *Réplique à l'abbé de Conti*, III, p 197.

telle façon qu'elle tende vers zéro : il arrivera que le choc ne change rien au mouvement de B jusqu'au moment extrême où B se réfléchira brusquement lui aussi ; la vitesse de B aura gardé sa valeur et sa direction constantes jusqu'à ce que tout à coup, conservant sa valeur absolue, elle change de direction. Il est difficile d'imaginer une rupture plus choquante dans la suite des effets pour une variation continue des causes.

De toutes les règles relatives au choc de deux corps, Leibniz ne retient que celle du premier cas envisagé par Descartes (égalité des masses et des vitesses). Il corrige toutes les autres en substituant la permanence de mv^2 à celle de mv, en rétablissant ainsi l'adéquation complète de l'effet à la cause, du moins au sens où il l'entendait, et modifiant après le choc les vitesses respectives de façon qu'on puisse passer par continuité d'un cas au suivant [1].

Enfin Leibniz fait souvent allusion à une loi fort importante qu'il dit avoir trouvée, et qui postule la conservation non pas de la quantité absolue de mouvement, mais de la quantité relative à une même direction. Étant donné un système de points matériels, considérons non les vitesses d'un point, mais les composantes qu'elles fournissent dans une certain direction, d'ailleurs quelconque, la somme des produits des masses par ces composantes garde une valeur constante. Ce principe semble avoir été déduit par Leibniz de la conservation de mv^2 [2]. C'était en tout cas quelque chose de tout à fait nouveau par rapport à la mécanique cartésienne, en ce sens que la direction et non plus seule-

1. *Animadversiones in partem generalem Principiorum Cartesianorum* (*Pars secunda*), Ed. Gerhard, t. IV.

2. Lettre à Bernouilli, 1696. Cf. la notice de M. Poincaré à la fin de l'édition Boutroux de la *Monadologie*.

ment la valeur absolue de la vitesse intervenait dans l'énoncé de la loi. La direction d'un corps pris dans un ensemble pouvait changer pour Descartes sans que la somme de la quantité de mouvement fût altérée. Au contraire, la *potentia directiva*, comme dit Leibniz, ou encore la *quantitas progressus*, bref la quantité de mouvement dans une direction donnée quelconque était altérée par le moindre changement de direction d'une molécule.

Telles sont les modifications essentielles que Leibniz a le sentiment d'avoir apportées aux lois cartésiennes du mouvement. Et maintenant demandons-nous pourquoi et comment la substitution des règles nouvelles aux anciennes a pu lui paraître si souvent justifier ses doctrines métaphysiques.

II

Tout d'abord nous n'insisterons pas sur ce que la règle de la quantité de progrès, que nous avons mentionnée en dernier lieu, s'opposait aux yeux de Leibniz à une action directe de l'âme sur le corps. Nous n'affirmerons pas comme lui que, si Descartes l'eût connue, il fût venu tout droit au système de l'harmonie préétablie ; mais tout le monde comprend, comme cela a été expliqué très clairement en particulier par M. Poincaré [1], que Descartes n'eût pu continuer en tout cas à expliquer l'action de l'âme sur le corps par un simple changement de direction imprimé aux molécules matérielles, puisqu'un pareil changement eût été aussi impossible qu'une altération de vitesse absolue. Venons-en sans tarder à ce qui nous paraît moins clair soit

1. *Monadologie*, éd. Boutroux.

chez Leibniz, soit chez ses commentateurs, c'est-à-dire au lien qui rattache la métaphysique de la substance aux lois nouvelles du mouvement.

Leibniz répète sans cesse qu'en substituant mv^2 à mv dans le principe fondamental il a mis par cela même en évidence cette vérité qu'il y a dans la matière autre chose que de l'étendue et du mouvement, qu'il y a aussi des forces Comment faut-il l'entendre ?

Au fond est-ce que déjà, sinon par son énoncé même relatif à la quantité de mouvement, du moins par l'affirmation de certains faits, et par son langage en ce qui touche à la mécanique, Descartes ne se trouve pas conduit tout naturellement lui-même à reconnaître la force ? Leibniz insiste plusieurs fois sur ce que celle ci est déjà prouvée par le simple fait de l'immobilité persistante d'une grande masse choquée par un petit corps (fait qu'acceptait Descartes sans hésiter, aussi bien d'ailleurs que Leibniz). « S'il n'y avait dans les corps que l'étendue ou la situation, c'est-à-dire que ce que les géomètres y connaissent, joint à la seule notion du changement, cette étendue serait entièrement indifférente à l'égard de ce changement, et les résultats du concours des corps s'expliqueraient par la seule composition géométrique des mouvements... Celui qui est en mouvement emporterait avec lui celui qui est en repos, sans recevoir aucune diminution de sa vitesse, et sans qu'en tout ceci la grandeur, égalité ou inégalité des deux corps puisse en rien changer, ce qui est entièrement irréconciliable avec les expériences [1]. » De plus, est-ce que la notion de force ferait défaut dans la langue de Descartes ? On sait bien le contraire, puisque le principe qui sert à la démonstration leibnizienne de

1. Ed. Gerhardt, t. IV, p. 464.

la nouvelle loi de la nature, « la même force qui peut lever un poids de 100 livres à la hauteur de deux pieds en peut lever un de 200 livres à la hauteur d'un pied », est emprunté à Descartes lui-même ; et le petit traité sur les machines a pour seul but d'expliquer comment avec une petite force on peut vaincre de grandes résistances. Leibniz lui-même d'ailleurs reconnaît chez les cartésiens la notion de force motrice ; il pense même qu'ils ont voulu affirmer dans le monde la constance de cette force, et il leur reproche seulement de l'avoir mesurée par la quantité de mouvement. « Vires duorum corporum in motum concitatorum, ac sua mole pariter, ac motu agentium, esse dicunt in ratione composita corporum, seu malium, et earum quas habent velocitatum. Itaque cum rationi consentaneum sit, eamdem motricis potentiæ summam in natura conservari : et neque imminui, quoniam videmus nullam vim ab uno corpore amitti, quin in aliud transferatur ; neque augeri, quia vel ideo motus perpetuus mechanicus nuspiam succedit, quod nulla machina, ac proinde ne integer quidem mundus suam vim intendere potest sine novo externo impulsu ; inde factum est, ut Cartesius, qui vim motricem, et quantitatem motus pro re æquivalente habebat, pronunciaverit eamdem quantitatem motus a Deo in mundo conservari [1]. » Ainsi ce que Leibniz apporte de proprement nouveau, ce n'est pas la constance de la force motrice, c'est la véritable estimation de cette force : Descartes la mesure par le produit de la masse et de la vitesse, elle doit être mesurée par le produit de la masse et du carré de la vitesse.

Y aurait-il dans l'expression mathématique elle-même, mv^2 au lieu de mv, quelque chose de significa-

1. Dutens, III, 180.

tif, de quoi donner mieux le sentiment de l'énergie, ou de quoi éloigner davantage de vues exclusives d'étendue et de mouvement? On pourrait peut-être soutenir jusqu'à un certain point que la première dimension de la vitesse, offrant à l'imagination une étendue rectiligne, une longueur, n'éveille pas d'autre idée de variation que celle qui se présente à l'intuition géométrique la plus simple, tandis qu'une puissance de la vitesse se prête mieux à une vue synthétique et dynamique. Mais, outre que ce serait subtil, on remarquera que dans les passages les plus importants où Leibniz établit sa loi, comme dans cette page du *Discours de métaphysique* que nous avons citée, il n'appelle même pas l'attention sur la formule nouvelle qu'il convient d'adopter pour la mesure de la force. Il faut chercher ailleurs.

Tous ceux qui ont la moindre teinte de sciences mécaniques et physiques diront que Leibniz avait vu dans ce qu'il nommait *la force* l'équivalent dynamique de ce qui se nomme aujourd'hui *le travail*, par exemple, la capacité d'élever une certaine masse à une certaine hauteur. Et en vérité ils ne se tromperont pas, car si l'on se reporte à sa démonstration de la loi nouvelle, on voit clairement qu'il veut mesurer la force par l'effet qu'elle produit en faisant monter un corps à telle ou telle hauteur. Mais il convient de faire ici une remarque. Descartes, ne fût-ce qu'à propos des machines, soit dans le principe qu'il avait invoqué, soit dans les règles qu'il en avait tirées, ne se préoccupait-il pas précisément du déplacement en hauteur des points d'application des forces et de leur travail ? Leibniz est bien obligé de le reconnaître. En réponse à Arnauld qui lui en a fait la remarque, il appelle mortes les puissances que Descartes se trouve conduit à mesurer. « A l'égard des puissances que j'appelle mortes, comme lorsqu'un corps fait son premier effort pour descendre sans avoir encore acquis aucune impétuosité par la continuation du mouvement, item lorsque deux corps sont en balance, il se rencontre que les vélocités sont comme les espaces [1]. » Ainsi ce sont bien des puissances, des forces que Descartes a voulu estimer, à l'occasion des machines, par l'effet qu'elles produisent, par les espaces qu'elles font franchir, par un travail ; mais les circonstances sont telles alors que Leibniz n'y voit que des forces mortes. Par opposition, il reconnait la *force vive*, quand les corps ont acquis quelque impétuosité, et sont devenus capables par là de s'élever à une certaine hauteur, c'est-à-dire de manifester certain effet qu'il suffira de mesurer, pour apprécier la force elle-même. Et ce cas qui seul intéresse vraiment aux yeux de Leibniz les lois du mouvement est celui qu'il a pris comme exemple général pour établir sa formule nouvelle. Ce qui le distingue essentiellement de ceux dont le type était fourni par le maniement des machines, où la puissance produisait instantanément son effet, où elle ne persistait pas sans impulsion extérieure, où elle ne durait pas par elle-même, où elle s'écoulait tout entière au moment où on la réalisait par un mécanisme convenable, et où l'effet durait juste autant que l'effort extérieur par lequel on la produisait, c'est d'abord que la force acquise par la chute d'un corps manifeste sa réalité par la possibilité de produire ultérieurement son effet. La force vive telle que la voit Leibniz, et telle que ne l'avait pas vue Descartes, c'est avant tout la puissance capable d'un *effet futur*. La réalité vivante et substantielle est marquée par la distinction possible de la production de la force et de son effet consécutif. « J'ajouterai une

1. *Lettre à Arnauld*, 1686, éd. Gerhardt, t. II.

remarque de conséquence pour la métaphysique, écrit Leibniz à l'abbé de Conti, après avoir exposé une série de considérations scientifiques sur sa loi nouvelle. J'ai montré que la force ne se doit pas estimer par la composition de la vitesse et de la grandeur, mais par l'*effet futur*. Cependant il semble que la force ou puissance est quelque chose de réel dès à présent, et l'effet futur ne l'est pas. D'où il s'ensuit qu'il faudra admettre dans les corps quelque chose de différent de la grandeur et de la vitesse, à moins qu'on ne veuille refuser aux corps toute la puissance d'agir. » Dans le cas où Descartes semble avoir deviné aussi l'importance de la notion du travail, de l'effet produit, toute la puissance s'écoulant à mesure qu'elle est posée, elle ne subsiste pas, elle n'est pas saisissable dans sa réalité : tout peut se passer comme s'il y avait transmission mécanique du mouvement. Leibniz sent le besoin de parler de puissance vivante lorsqu'il a vu dans le corps une virtualité, une sorte de pouvoir emmagasiné et prêt à réaliser son action future. La force substance lui est apparue dès que, séparant dans les phénomènes de mouvement qu'il a examinés l'acquisition du pouvoir et la manifestation de son effet, il a pu appeler la force « une cause prochaine [1] ». Cette séparation des deux mouvements, — celui où l'on note la force et celui où se produira son effet, — a sur l'esprit une influence de même ordre que la séparation dans l'espace du corps qui agit et de celui qui reçoit l'action ; l'action à distance entraîne aisément l'idée d'une force vive, d'une virtualité réelle, — tandis que l'action par contact n'éveille que l'idée d'une transmission mécanique.

Mais ce n'est pas tout. La force telle que Leibniz l'en-

1. *Discours de métaphysique*, XVIII.

visage dans le mouvement des corps diffère encore et surtout de celle de Descartes en ce qu'elle va d'elle-même produire son effet, pourvu que rien ne l'empêche. Il ne sera pas nécessaire d'exercer de dehors une pression, ou une impulsion, ou une traction, comme dans les machines, pour que le travail attendu se réalise. Si, par exemple, le corps qui se meut est disposé à la façon d'un pendule, sa chute sera tout naturellement suivie de l'ascension ; l'élévation du corps se produira sous la simple incitation de cette force interne qui est liée à la vitesse acquise pendant le chute, et qui se mesurera par son effet spontané, c'est-à-dire par la hauteur où le corps s'élèvera, pourvu seulement qu'un obstacle ne vienne pas l'arrêter. C'est là le caractère de la force auquel Leibniz donnera le plus d'importance, celui qui justifiera le mieux son nom de force vive, qui en fera vraiment une substance. « Je trouve que dans la nature, dit-il dans le *Système Nouveau*, outre la notion de l'étendue, il faut employer celle de la force qui rend la matière capable d'agir et de résister ; et par la Force ou Puissance je n'entends pas le pouvoir ou la simple faculté qui n'est qu'une possibilité prochaine pour agir et qui, étant comme morte même, ne produit jamais une action sans être excitée par dehors, mais j'entends un milieu entre le pouvoir et l'action, qui enveloppe un effort, un acte, une entéléchie, car la force passe d'elle-même à l'action en tant que rien ne l'empêche. C'est pourquoi je la considère comme le constitutif de la substance, étant le principe de l'action qui en est le caractère. Ainsi je trouve que la cause efficiente des actions physiques est du ressort de la métaphysique [1]... »

Les lois du mouvement ont donc fourni à Leibniz

1. Ed. Gerhardt, t. IV, p. 472.

l'occasion d'affirmer dans la matière des éléments de vie et d'action. Ces éléments sont des *causes* vis-à-vis des effets qu'ils produisent : quel rapport faut-il admettre entre de pareilles causes et leurs effets ? — Descartes admettait qu'il faut une proportion entre la cause et l'effet [1] ; mais les lois naturelles avaient, aux yeux de Leibniz, le défaut de se prêter à une déperdition ou à une création *ex nihilo* de certaine quantité de force. « C'est pourquoi, dit Leibniz, je crois qu'au lieu du principe cartésien on pourrait établir une autre loi de nature que je tiens la plus universelle et la plus inviolable, savoir *qu'il y a toujours une parfaite équation entre la cause pleine et l'effet entier*. Elle ne dit pas seulement que les effets sont proportionnels aux causes, mais de plus que chaque effet entier est équivalent à sa cause [2] ». Par la façon même dont il critique les lois cartésiennes du mouvement, il est donc visible que Leibniz a le sentiment de satisfaire mieux avec les siennes au principe d'équivalence de la cause et de l'effet. On peut dire alors qu'inversement les lois de la nature telles qu'il les énonce apportent pour lui une rectification de ce principe et contribuent à le mettre au premier plan dans sa philosophie. La force qui se retrouve tout entière dans la série de ses effets à venir va donner ainsi le type le plus naturel de cette vie de la substance dont il est permis de dire qu'elle exprime dès à présent tous ses états futurs.

En même temps et de la même façon la réfutation des règles cartésiennes qui s'accommodaient d'une discontinuité si manifeste dans les phénomènes de la nature, autorisait Leibniz à voir dans ses recherches sur les

1. V. ci-dessus, p. 200.
2. *Réplique à l'abbé de Conti*, janvier 1687.

lois du mouvement une victoire décisive du principe de continuité. Sans doute les cartésiens eussent pu corriger les lois du choc de façon à rendre continue la série des résultats et sans se croire obligés de renoncer pour cela à leur mécanisme géométrique : c'est ce qu'essaya de faire Malebranche pour quelques-unes de ces lois, ainsi qu'en témoigne sa correspondance avec Leibniz. Mais il semble naturel que celui-ci ait réuni dans sa pensée les griefs qu'il avait formulés contre les règles cartésiennes du mouvement, et qu'à ses yeux les principes qui les lui avaient suggérés aient été tous solidaires de la vérité nouvelle. Ainsi, comme l'équivalence de la cause et de l'effet, le principe de continuité qui contribuait à faire condamner la physique de Descartes et s'accordait au contraire avec les vues dynamiques de Leibniz se dégageait désormais comme mieux établi, comme plus manifestement réel, et tout prêt pour jouer le rôle que l'on sait dans la métaphysique de la monade.

Virtualité qui tient en puissance son action future, spontanéité de cette action, permanence, subsistance de la cause entière dans la suite des effets, continuité de la trame de ces effets, par lesquels se manifeste toute la vitalité interne, — tels sont donc les traits essentiels que par l'étude des lois du mouvement Leibniz a rencontrés comme caractérisant l'élément nouveau qu'il a dû introduire, la force vive. Ne suffisaient-ils pas à réaliser le type le plus exact des formes substantielles que désormais il faudra ressusciter ? On dirait parfois que pour mieux éclaircir ce qu'il entend par ces formes substantielles, il tient à emprunter des exemples à la géométrie : c'est ainsi qu'il aime à invoquer la notion d'une courbe comme contenant en elle-même la suite infinie des propriétés qui pourront jamais en être formulées [1]. Mais ne nous y trompons pas, la comparaison reste alors tout extérieure et toute superficielle. L'unité véritable ne saurait être atteinte là où, en dépit des efforts logiques de l'esprit, l'être que l'on considère est finalement un composé de propriétés d'espace. Ce qui est mathématique et se traduit uniquement en éléments de nombre et d'étendue est insuffisant comme l'étendue elle-même, qui n'est jamais qu'agglomération de parties, que multiplicité : « L'étendue ne signifie qu'une répétition ou multiplicité continuée de ce qui est répandu, une pluralité, continuité et coexistence des parties » [2]. Seule la puissance qui se retrouve la même à travers tous ses effets offre l'image de la réalité vivante, subsistante, que postulera Leibniz. A propos de l'Eucharistie, il écrit à Pelisson : « Je remarque que dans la nature du corps, outre le changement et la grandeur de la situation, c'est-à-dire outre les notions de la pure géométrie, il faut mettre une notion supérieure comme celle de la force par laquelle les corps peuvent agir et résister. La notion de la force est aussi claire que celle de l'action et de la passion. Car c'est ce dont l'action s'ensuit, lorsque rien ne l'empêche ; l'effort, *conatus* : et au lieu que le mouvement est une chose successive, laquelle par conséquent n'existe jamais, non plus que le temps, parce que toutes les parties n'existent jamais ensemble ; au lieu de cela, dis-je, la force ou l'effort existe tout entier à chaque moment, il doit être quelque chose de véritable et de réel [3]. »

Enfin, en portant son attention sur la nature même des démonstrations qui l'ont fait atteindre les réalités métaphysiques et vivantes sous les apparences de l'é-

1. Cf., par exemple, *Discours de métaphysique*, XIII.
2. Gerhardt, t. IV, p. 467.
3. Dutens, III, p. 718.

tendue et du mouvement, Leibniz est frappé de ce qu'il n'a pas procédé comme les mathématiciens par des raisonnements d'une nécessité rigoureuse. En transformant la physique cartésienne et la vivifiant par un souffle nouveau, il avait le sentiment qu'il invoquait autre chose que le principe de contradiction. Les principes sur lesquels il s'appuyait ne sont pas semblables aux axiomes de la géométrie, dont Leibniz pensait qu'on pouvait rendre complètement raison en se ramenant à des identités. Nous les énonçons sans croire qu'il y ait nécessité absolue à ce qu'ils soient ainsi ; ils auraient pu être différents ; et en ce sens ils sont contingents. Mais en même temps ils s'imposent à notre esprit par un caractère complexe d'opportunité et de simplicité, qui écarte décidément toute apparence arbitraire. « Il me paraît, dit Leibniz, que la raison qui fait croire à plusieurs que les lois du mouvement sont arbitraires, vient de ce que peu de gens les ont bien examinées. L'on sait bien à présent que M. Descartes s'est fort trompé en les établissant... J'ai découvert que les lois du mouvement qui se trouvent effectivement dans la nature ne sont pas en vérité absolument démontrables, comme serait une proposition géométrique... Je puis démontrer ces lois de plusieurs manières, mais il faut toujours supposer quelque chose qui n'est pas d'une nécessité absolument géométrique...

« J'ai trouvé qu'on en peut rendre raison en supposant que l'effet est toujours égal en force à sa cause, ou, ce qui est la même chose, que la même force se conserve toujours... J'ai encore fait voir qu'il s'y observe cette belle loi de la continuité, que j'ai peut-être mise le premier en avant... En vertu de cette loi, il faut qu'on puisse considérer le repos comme un mouvement s'évanouissant après avoir été continuellement diminué ; et de même l'égalité comme une inégalité qui s'évanouit aussi, etc. Ces considérations font très bien voir que les lois de la nature qui règlent les mouvements ne sont ni tout à fait nécessaires ni entièrement arbitraires. Le milieu qu'il y a à prendre est qu'elles sont un choix de la plus parfaite sagesse. Et ce grand exemple des lois du mouvement fait voir le plus clairement du monde combien il y a différence entre ces trois cas, savoir, premièrement une nécessité absolue, métaphysique ou géométrique, qu'on peut appeler aveugle, et qui ne dépend que des causes efficientes ; en second lieu, une nécessité qui vient du choix libre de la sagesse par rapport aux causes finales ; et enfin, en troisième lieu, quelque chose d'arbitraire absolument, dépendant d'une indifférence d'équilibre qu'on se figure, mais qui ne saurait exister où il n'y a aucune raison suffisante ni dans la cause efficiente ni dans la finale [1]... »

Ainsi, guidés par Leibniz lui-même, nous pourrons apprécier quelle put être sur sa philosophie tout entière l'influence de ses travaux sur les lois du mouvement. Ce ne sont pas seulement les grandes théories de la substance et de l'harmonie préétablie, c'est même cette distinction capitale dans la métaphysique leibnizienne des idées de nécessité et de contingence, de nécessité absolue et de nécessité morale, des principes d'identité et de raison suffisante, — de l'infinité des possibles et des conditions de finalité, d'opportunité, de simplicité d'où dépend le réel, — c'est, semble-t-il, tout le fond de la pensée leibnizienne qui a gardé du contact de la physique nouvelle des traces ineffaçables et en offre à quelque degré un écho significatif.

1. *Théodicée* 345-349.

Dirons-nous d'ailleurs que l'étude des lois du mouvement a conduit Leibniz à sa métaphysique, comme il l'indique parfois lui-même ? Nous nous en garderons bien. S'il fallait se prononcer sur l'antériorité dans son esprit de certaines idées sur le mouvement des corps ou de certaines tendances métaphysiques, nous n'hésiterions pas à opter pour ces dernières. Mais la question n'est pas là. Nous avons voulu montrer combien est étroit le lien qui rattache la philosophie presque entière de Leibniz à ses recherches sur les lois du mouvement, et, nous bornant ici à cette parcelle de son œuvre scientifique, combien il serait artificiel de séparer chez lui le métaphysicien et le savant.

Rev. phil. 1900.

DESCARTES ET NEWTON

On avait trop répété depuis cinquante ans que Descartes est le père de la pensée moderne et que notre science — tout comme notre philosophie — a reçu de lui seul son inspiration. Une réaction était probable ; elle est en train de se produire. Il semble que ce soit une opinion fort répandue aujourd'hui que nous serions redevables de la science positive non à Descartes, mais à Newton, qui même a dû, pour la créer, réagir contre toutes les tendances cartésiennes. C'est manifestement l'exagération contraire, plus éloignée encore que la première de la simple vérité. Mais, pour le montrer, il convient de résumer le plus fidèlement possible les arguments qu'on nous apporte, et je ne saurais mieux faire que de les emprunter au livre si vigoureux que M. Bloch a publié naguère sur la *Philosophie de Newton*[1].

Descartes, nous dit-on, était l'homme de la méthode unique et définitive. En mathématiques, la combinaison qu'il offrait de l'analyse des anciens et de l'algèbre des modernes était à ses yeux comme le dernier mot de la science. Elle laissait de côté l'arithmétique et la géométrie au profit des règles générales de l'algèbre, suffisantes pour résoudre les difficultés par la voie qui mène des plus simples aux plus composées. Newton rend leur rôle et leur importance à toutes les démarches

1. *La Philosophie de Newton*, par Léon Bloch, agrégé de philosophie, docteur ès lettres. Alcan, 1908.

de la pensée mathématique qui peuvent répondre aux besoins de la mesure et aux suggestions de l'expérience. La notion même de simplicité ne se rapporte plus chez lui à la forme d'une fonction, ni au degré d'une équation ; elle est définie par un souci pratique ; et c'est une question de bon sens que d'imiter les Grecs en proportionnant les méthodes à la nature des problèmes qui se posent.

La géométrie analytique de Descartes reçoit, aussitôt qu'elle apparaît, des applications de toutes sortes ; mais, malgré l'assurance du philosophe français, elle doit faire bientôt place, même avant Leibniz et Newton, aux préoccupations de calcul infinitésimal. Si Descartes n'est pas entraîné par le mouvement nouveau qui se produit alors, c'est qu'il ne s'élève pas à la notion de continuité, de variation continue, qui ne saurait être classée au nombre des idées claires et distinctes, et ses calculs portent toujours sur des quantités déterminées, connues ou inconnues. Il a bien résolu quelques problèmes de quadrature, mais il n'a pas cru possible celui des rectifications, et surtout n'a pas compris que la question des tangentes et celle des quadratures sont deux aspects du même problème infinitésimal. Newton donne un procédé général de développement d'une fonction en série infinie, ajoute aux travaux de ses précurseurs une notation différentielle, saisit le lien de réciprocité qui rattache le calcul intégral au calcul différentiel, et crée la méthode des fluxions.

Les notions fondamentales de la mécanique, particulièrement celles de masse, de force, de mouvement, par lesquelles Newton crée décidément la dynamique rationnelle, ne sont pas posées, malgré l'apparence, comme des définitions premières, sources de toute vérité, et devant, comme chez Descartes, s'imposer aux faits. Elles sont tirées par induction de quelques exemples simples, et, traduites en nombres, elles apportent la précision nécessaire pour mettre en équations les problèmes plus complexes que posera l'expérience. Ce sont des données concrètes que les sens nous révèlent, mais que l'entendement doit interpréter. Elles sont formées par l'adjonction du principe des mesures à la part d'intuition qu'elles tiennent de leur origine même. Par elles Newton réalise dans la science la première apparition de l'esprit positif.

Mais pour que les équations des problèmes du mouvement puissent s'écrire, les définitions ne sont pas suffisantes. Il faut établir une série d'axiomes, ou lois du mouvement. C'est ce que Newton fait, à la suite des définitions, comme Euclide, mais sans que la forme géométrique et déductive soit au fond essentielle à sa pensée.

Descartes, séparant la matière et le mouvement, était obligé de chercher la cause de ce mouvement, et des qualités de la cause, c'est-à-dire des qualités de Dieu, il déduisait les lois. L'expérience et le calcul venaient bientôt avec Newton montrer la fausseté des déductions cartésiennes, et consommer la séparation de la métaphysique et de la mécanique. Aux principes cartésiens succèdent la loi d'inertie, qui sert à définir la force, le principe de l'égalité de l'action et de la réaction, tout à fait important aux yeux de Newton, et qui achève de permettre la mesure des forces, — le principe de l'indépendance des effets des forces, qui a rendu possible l'application du calcul à la dynamique et à la physique elle-même, du moins tant qu'elle reste sur le terrain des forces mécaniques. Il n'a manqué à Newton que de dégager le principe des vitesses virtuelles, et surtout celui de la conservation de l'énergie. Mais s'il n'a pas fait entre le mouvement et les autres formes de l'énergie des rapprochements qui lui eussent été, semble-t-il, si faciles, cela tient à des raisons historiques, et en grande partie à l'influence cartésienne qui a fixé son attention sur la quantité de mouvement et non sur la force vive

Mais c'est surtout par la découverte de l'attraction universelle que s'est accomplie, en même temps que la chute du cartésianisme, la constitution d'une méthode scientifique vraiment positive, non pas tant par la loi nouvelle qui se trouve énoncée que par la manière dont Newton y parvient, l'appuyant solidement sur l'expérience et le calcul. S'il a cru devoir la défendre contre les objections, c'est qu'il avait à lutter contre les partisans si nombreux des tourbillons cartésiens. Quant au reproche de renouveler les entités métaphysiques, Newton ne le méritait pas. Sans même avoir à se servir du fameux « *comme si* » et sans vouloir faire une hypothèse, il voyait dans la gravitation un fait aussi positif que la pesanteur, dont personne ne doute, et dans sa loi mathématique la traduction de ce fait général en un langage qui permet de l'appliquer à tous les cas particuliers et de créer ainsi, avec la Mécanique céleste, une science qui restera, il est vrai, soumise à l'épreuve des faits et gardera par là, dans un certain sens, si l'on veut, quelque chose d'hypothétique et de relatif.

La théorie de la gravitation universelle allait avoir la plus grande influence sur les idées du XVIIIe siècle. Mais elle n'était pourtant qu'un des chapitres de la physique mathématique de Newton, laquelle n'était point, comme pour Descartes, la science une et entière, mais l'application d'une même manière de procéder à des parties diverses de la science. La mathématique vient seulement, dans la physique newtonienne, apporter la précision, mais non augmenter la certitude, ni donner aux lois aucun caractère d'éternité. Elle est pour Newton un moyen, non une fin ; une transposition, non une réduction ; elle aide en particulier à rapprocher plusieurs phénomènes les uns des autres et à en donner le genèse, non l'essence ; enfin elle renonce à être une synthèse totale, elle est d'abord analytique au contraire, aide à préparer les définitions et s'adapte progressivement aux découvertes de fait. D'ailleurs pour Newton il n'y a pas séparément la physique d'une part, la mathématique de l'autre : la mathématique est au fond la première et la plus simple des sciences physiques.

Physique mathématique et physique mécaniste vont ordinairement ensemble aux yeux des philosophes. Cependant la physique de Newton n'est pas à proprement parler mécaniste comme celle de Descartes, et la raison en est que d'une part on ne peut même pas parler avec Newton de propriétés purement géométriques de la matière, d'autre part son système est imprégné de continuité, et la continuité est incompatible avec le mécanisme. — Sans doute Newton cherche à expliquer le composé par le simple, ce qui est une tendance commune à tous les systèmes mécanistes, mais les éléments qui servent à l'explication des phénomènes ne sont pas uniformément et strictement mécaniques. Chaque ordre de phénomènes repose sur des faits spéciaux. La physique de Newton accepte le mécanisme parce qu'il est une partie de la science, mais, mathématique et positive avant tout, elle emploie des méthodes générales indépendantes de toute hypothèse mécaniste.

Newton rejette-t-il absolument toute hypothèse? Non; il rejette les hypothèses dogmatiques et les hypothèses polémiques, celles que lui opposent ses adversaires. Mais il accepte celles qui sont seulement suggestives, à la condition qu'elles viennent à la suite de l'expérience, qu'elles ne portent pas sur la nature intime des phénomènes et que leur rôle soit achevé quand elles ont conduit à l'équation d'où dépendent les faits, quels que soient les sens physiques différents dans lesquels l'imagination de chacun peut les interpréter. Et ainsi la science cesse avec Newton d'être, comme avec Descartes, un système d'*explications*, pour devenir un système de *représentations*, au sens où nous l'entendons aujourd'hui. C'est leur utilité pour la prévision des phénomènes qui décide en dernier ressort de leur valeur.

*
* *

Que faut-il penser de tout cela ? D'une manière générale, que Newton ait attribué à l'expérience le rôle que méconnaissait le cartésianisme, que dès lors la mathématique ait perdu à ses yeux son caractère de méthode absolue, et cesse de donner une valeur définitive et sacrosainte en quelque sorte aux lois qui s'expriment par elle, c'est certain... Mais n'est-il pas exagéré, sous prétexte de faire remonter à Newton notre science positive et relativiste, de ne presque plus faire de différence entre les jugements qu'il formulait et ceux que formulerait, aujourd'hui par exemple, un Mach ou un Poincaré ? Newton a cru à l'espace absolu.; il a parlé, dans l'*Optique* et dans les *Quæstiones* tout au moins, sans l'ombre d'un doute, de la nature corpusculaire de la lumière et de la théorie de l'émission (les ondulations ne prenant naissance que par la chute des rayons lumineux sur les corps) ; il a cru, comme à une réalité positive sans doute mais définitive, au moins à la loi de la gravitation. Quel que soit son sentiment du caractère relatif et de la portée restreinte d'une formule mathématique, il n'a pas hésité à appliquer ses calculs, pour résoudre quelques problèmes de chronologie, à des données qui remontaient à plus de deux mille ans en arrière, comme si pour des intervalles semblables nos formules ne dépassaient pas les limites raisonnables des observations et des inductions qu'elles ne font que traduire... Cela, quand Halley venait cependant de porter l'attention sur l'irrégularité séculaire du mouvement de la lune...

Et, au contraire, n'est-il pas plus exagéré encore de présenter Descartes comme en retard sur son temps, comme passant à côté, sans jamais les suivre, des tentatives intéressantes de ses contemporains, toujours arrêté ou aveuglé par sa métaphysique ?

D'abord il convient de ne pas oublier que les mathématiques et la physique ne l'ont vraiment intéressé que dans sa jeunesse. Notamment ses travaux importants en analyse et en algèbre sont antérieurs à 1625 ; les recherches sur la dioptrique remontent à peu près à 1627. Arrivé à l'âge mûr, Descartes ne revient sur l'objet de ses premières méditations que sous la pression de quelque circonstance, où son amour-propre entre en jeu. D'autres préoccupations l'absorbent : que nous ayons ou non à le regretter pour la science, c'est là un fait dont nous devons bien tenir compte, quand il s'agit d'idées ou de principes dont les savants prennent à peine conscience dans les dernières années de la vie de Descartes.

Ensuite si Descartes a la manie de rattacher chacune

de ses découvertes à sa Méthode ou à sa Métaphysique, est-ce une raison pour que nous ne sentions pas plus que lui à quel point elles en sont indépendantes, et à quel point elles se rattachent directement, par ce genre de flair qui caractérise le génie, au courant naturel de la pensée scientifique ?

En mathématiques il faut, pour le juger, le placer à la suite de Viète et des géomètres grecs. Son œuvre essentielle consiste à recréer l'analyse des anciens en la faisant profiter du langage algébrique des modernes, et la faisant servir elle-même au progrès de l'algèbre. Que c'était bien l'œuvre attendue, l'œuvre nécessaire à l'éclosion des travaux du XVIIe siècle, jusqu'à ceux de Newton compris, en tout cas l'œuvre normale et naturelle au moment où elle se réalisait, je n'en veux pour preuve que la simultanéité de composition de la *Géométrie* de Descartes, et de l'*Isagoge* de Fermat. — Lorsque, en physique, il trouve la loi des sinus, qui va permettre toutes les études relatives à la lumière, et en particulier rendre possibles les expériences de Newton sur les couleurs du spectre, qui donc pouvait se laisser prendre à l'extraordinaire démonstration qu'apportait sa *Dioptrique* ? Que Descartes n'ait été complètement satisfait que du jour où il a pu appuyer sa loi sur une semblable déduction, personne n'en doute ; mais celle-ci n'explique en aucune manière sa découverte qui vient tout naturellement à son heure, en même temps, ou à très peu près, que celle de Snellius, à la suite des travaux de Képler. Si en effet quelque chose surprend, quand on parcourt l'optique de Képler, c'est qu'elle n'aboutisse pas à la loi de la réfraction. Quand ensuite Descartes applique sa loi à l'étude de l'arc-en-ciel, et construit patiemment ses tables donnant la mesure de l'angle de déviation du rayon qui est tombé sur les fioles pleines d'eau et qui en sort après plusieurs réflexions, il procède non point au nom d'une méthode exceptionnelle, mais comme procéderait à sa place tout bon physicien, ne faisant d'ailleurs que compléter et préciser les recherches de ses prédécesseurs.

Son *Traité des machines*, s'il ne contribue pas à la terminologie qui triomphera en mécanique, et laisse subsister des malentendus sur les notions de force et d'action, n'en apporte pas moins au fond un principe très net qui fait intervenir heureusement non plus les vitesses, mais les déplacements, et une notion féconde, celle de travail. — M. Duhem a trop insisté sur ce point [1] pour que j'y revienne, et trop clairement montré dans l'œuvre de Descartes l'aboutissement normal de recherches antérieures, en particulier de celles de Stevin.

En dynamique Descartes parle de l inertie, non plus seulement comme résistance au mouvement d'un corps au repos, mais comme résistance au changement de mouvement ; il mesure la force du corps en mouvement par le produit de la grandeur et de la vitesse, et, posant son équation fondamentale de la constance de cette force pour un ensemble de corps qui se choquent, il tâche d'en tirer la solution du problème dans tous les cas. Il s'est trompé, parce qu'il allait trop vite dans une science à peine naissante. Une équation ne pouvait lui suffire à déterminer les deux inconnues du problème du choc de deux corps durs ; et puis cette quantité de mouvement dont il écrivait chaque fois la constance, presque comme nous le ferions nous-mêmes aujourd'hui pour le même problème, il la

1. *Les Origines de la Statique*, t. I, ch. XIV.

prenait indépendamment de la direction, de la détermination, toujours en valeur absolue. Que l'impossibilité de séparer la détermination de la force frappe davantage les esprits, que l'attention se porte sur la force vive, et la mécanique achèvera, avec Leibniz et avec Newton, de résoudre le problème du choc. On veut que ce soit sa métaphysique qui ait détourné Descartes de la vraie solution. En quoi donc l'immutabilité de Dieu exigeait-elle la constance de la quantité de mouvement plutôt que celle de la force vive, ou (si Descartes vivait de nos jours) que celle de l'énergie ? Nous sommes avec Descartes au moment où s'élaborent les notions fondamentales de la dynamique. Galilée a fait plus que lui pour la formation de ces notions par la seule étude cinématique de la chute des corps, mais en réalité il ne les a pas dégagées lui-même. Reprocherait-on à Newton d'avoir méconnu le caractère de la chimie ? Comment ne pas songer que de même rien n'était fait pour la dynamique avant les travaux de Galilée et de Descartes ; et n'y a-t-il pas là une explication suffisante des insuccès de la dynamique cartésienne ?

*
* *

Au surplus, si l'on ne s'en tient pas seulement aux résultats explicitement énoncés, et qu'on tienne compte des tendances impliquées dans les recherches de Descartes, on comprend moins encore que la science newtonienne ne soit qu'une révolution contre le cartésianisme.

Revenons un instant aux mathématiques. On dira volontiers que pour Descartes tout y est subordonné à la méthode unique ; les procédés employés auraient leur raison théorique et ne répondraient pas aux nécessités pratiques que comportent les questions à résoudre. Il est bien vrai que c'est ce que dit Descartes, toujours systématisant, toujours désireux de comprendre en une formule unique tout un ensemble de démarches de la pensée, et toujours appliqué à l'ordre logique qui permet de les rattacher aux idées premières. Mais si l'on oublie ses commentaires, pour n'envisager que ses travaux eux-mêmes, comment n'être pas frappé de la variété et de l'ingéniosité des vues dont ils fourmillent, qu'il s'agisse de la *Géométrie* ou des solutions qu'il apporte aux nombreuses questions posées par ses correspondants ?

On oppose à l'idée de nombre chez les Cartésiens, c'est-à-dire à la notion de la collection discontinue, celle qui avec Newton respecte davantage l'homogénéité de notre esprit, et se trouve être moins une collection de plusieurs unités qu'un rapport abstrait d'une quantité quelconque à une autre de même espèce. Et on montre Newton parvenant ainsi tout naturellement à l'extension de l'idée de nombre, aux nombres fractionnaires et aux nombres irrationnels. Mais n'est-ce pas encore chez Descartes que l'homogénéité se trouvait le plus respectée, et que la généralisation de la notion de quantité s'offrait le plus simplement, par cela seul que voulant examiner les rapports et proportions en général, abstraction faite des objets qu'étudient les diverses sciences mathématiques, il avait décidé de « les supposer dans des lignes » ? La définition de la multiplication arithmétique chez Newton, qui si simplement s'étend au cas de la moyenne géométrique, n'est au fond que la reproduction de celle de Descartes.

Si on laisse de côté la représentation des lignes par les équations, et la correspondance incessante et féconde qui en résulte des problèmes de géométrie et de ceux d'algèbre, que penser de ces procédés généraux de calcul que nous offre la *Géométrie*, soit à propos du problème des tangentes, soit à propos de la résolution de l'équation du quatrième degré ? Dans quel sens peut-on dire que cela fait partie de la méthode unique ? — Le principe de correspondance de l'algèbre et de la géométrie ramène, par exemple, le problème des tangentes à une question d'algèbre : c'est clair. Mais quand Descartes donne pour celle-ci la règle des coefficients indéterminés et en use si ingénieusement pour exprimer qu'un polynome a une racine double, en quoi cela est-il impliqué dans sa méthode ?

Qu'est-ce d'autre part qui amène l'examen et la classification des courbes ? Est-ce, d'une manière générale, une sorte de hiérarchie devant conduire les mathématiciens des équations du premier degré à celles du second, de celles-ci à celles du troisième, etc , de manière à assurer la marche du plus simple au plus complexe ? pas le moins du monde. Il faut bien reconnaître que Descartes n'offre pas un traité systématique de géométrie analytique, puisqu'il ne donne même pas l'équation de la droite. Le problème de Pappus conduit à la classification des coniques, comme un problème d'optique conduit à l'étude des ovales.

Enfin que de fois ne voyons-nous pas Descartes revenir franchement à la géométrie pure, et à ce genre de démonstrations renouvelées d'Euclide ou d'Archimède, parfois très simples comme dans le huitième discours de la *Dioptrique*, pour établir la propriété de l'ellipse et de l'hyperbole sur laquelle reposera la construction des instruments, parfois d'une ingéniosité très savante, comme pour la solution du problème de la cycloïde ?

Mais, dira-t-on, tout cela n'empêche pas qu'il reste étranger à la notion du continu mathématique, de l'élément différentiel, et qu'il faut une réaction contre son attitude pour amener la découverte du calcul infinitésimal. — Est-ce bien sûr ? Descartes (tout le monde le reconnaît) a fait des quadratures et des sommations d'indivisibles ; il a sans hésité envisagé une grandeur finie comme la somme d'une infinité d'éléments infiniment petits. N'y a-t-il pas dans cette conception tout ce que risque de contenir d'obscur, de non clair, de non distinct, l'idée de la continuité ? Celle de variation continue présente-t-elle donc un élément nouveau qui soit plus rebelle à un esprit avide de clarté ? Ne s'offrira-t-elle pas d'elle-même tout naturellement dans le mouvement d'un point qui décrit une courbe, soit que comme Newton on la saisisse dans la représentation mécanique du mouvement, soit que comme Leibniz on s'attache à la variation abstraite de l'ordonnée et de l'abscisse, utilisant en tous cas le mode de définition des courbes avec lequel Descartes aura décidément familiarisé les Géomètres ? D'ailleurs ne peut-on même dire que cette notion de variation infinitésimale se trouve en germe chez Descartes ? Si à propos des tangentes il s'est contenté d'une méthode qui ne nécessitait aucune considération d'infiniment petit, et s'il a rejeté toute idée de rectification d'un arc de courbe, — au contraire, quand il s'agit du problème concret qu'offre le mécanisme du levier, il n'hésite pas à parler en homme qui veut utiliser la notion de la variation infinitésimale. On sait en effet d'une part qu'il ramène la théorie du levier à celle du plan incliné, et qu'il substitue tout naturellement à la superficie courbe décrite par un poids le plan tangent à cette superficie ; — d'autre part, il indique à Mersenne (pour lui et pour

Desargues qui ont eu besoin d'éclaircissements) que l'on doit, dans sa théorie du levier, concevoir un *commencement de déplacement* à partir de la position d'équilibre, — nous dirions un déplacement infiniment petit.

Rien n'a manqué à Descartes pour comprendre et utiliser les idées essentielles du calcul infinitésimal. Pourquoi n'a-t-il pas trouvé lui-même l'algorithme définitif ? pourquoi n'a-t-il pas aidé davantage au mouvement qui devait y conduire simultanément Newton et Leibniz ? Mais tout simplement parce qu'il a fait autre chose, par où il a singulièrement facilité les nouveaux calculs eux-mêmes ; parce que ses travaux datent du premier tiers du XVIIe siècle ; parce qu'il faut envisager à côté et au-dessous des efforts personnels de chacun la poussée de l'œuvre collective, des incitations diverses, et le degré de maturité où à chaque instant sont parvenues les notions et les théories.

*
* *

On trouve assurément plus d'opposition entre Descartes et Newton quand on porte son attention sur les grandes théories qui au XVIIIe siècle vont caractériser les deux écoles, sur les explications générales de l'univers par les tourbillons d'une part, par la gravitation universelle de l'autre. Et nous avons assisté, semble-t-il, à l'écrasement scientifique de la première par la seconde. Mais il faut bien pourtant reconnaître tout le mérite de la conception de Descartes. On dira qu'elle est trop qualitative, qu'elle ne se traduit pas par des formules précises et des équations mathématiques. Mais tout au moins n'est-elle pas un cadre tout prêt à l'application des mathématiques ? Et cela ne résulte-t-il pas avec évidence des efforts des Huygens, des Leibniz, des Varignon, pour sauver la théorie cartésienne, et mieux encore des calculs que fait Newton pour montrer le désaccord des tourbillons avec les lois de Képler, par exemple ? Ne mentionne-t-on pas d'ailleurs au moins un minimum de conditions géométriques et quantitatives, quand on parle des orbites planétaires qui sont presque dans un même plan, d'un sens unique de rotation des planètes et de leurs satellites, de la vitesse des tourbillons qui décroît à mesure qu'on va de la périphérie au centre, etc. ? Surtout enfin comment ne pas sentir aujourd'hui le caractère par trop simpliste de ceux qui, comme Voltaire, ont vu finalement dans la science de Newton le dernier mot de la science humaine, et dans les tourbillons de Descartes la dernière erreur ? Les arguments par lesquels Newton accable la théorie cartésienne ne sont pas d'un autre ordre que ceux par lesquels toute idée d'émission a paru définitivement vaincue par celle d'ondulations au cours du XIXe siècle ; ou que ceux par lesquels tant de savants cherchent à corriger, parfois à transformer complètement l'hypothèse de la nébuleuse de Laplace. Et notre éducation nous amène à parler, avec plus de circonspection que les hommes du XVIIIe siècle, de la vérité ou de l'erreur des grandes théories de la physique. Pour les tourbillons, en particulier, les réfutations de Newton n'en laissent-elles rien subsister qui intéresse la science positive ? D'abord nous y trouvons encore au moins cette idée qu'en deçà du monde actuel où nous vivons il y a place pour des recherches scientifiques relatives à la formation de ce monde. Avec Leibniz, avec Kant, et surtout, dans toute la deuxième moitié du XVIIIe siècle, avec les naturalistes, va peu à peu s'exprimer le besoin, dans tous les ordres d'idées, d'expliquer ce qui est par ce qui a été ; la science se préparera à devenir évolutionniste. Newton aura vécu dans ce mouvement sans en comprendre l'importance ; il s'en remet, pour la formation du système solaire, à la chiquenaude initiale du Créateur. En réalité, il faudra arriver à Kant, et surtout à Laplace, pour que la tentative de construction de Descartes, reprise naturellement avec tout le bénéfice de la science newtonienne, ait une suite durable. — En outre, n'est-ce pas en somme la notion fondamentale du système cartésien qui subsiste dans notre science contemporaine avec la théorie de Laplace, plus ou moins modifiée, en ce sens que l'on part, comme faisait Descartes, d'un tourbillon sphérique de matière subtile animé d'un mouvement de rotation autour de son axe, et conduisant, par les seules réactions internes, au système solaire tel qu'il est aujourd'hui ? N'exagérons rien : il y a loin des tourbillons de Descartes à la nébuleuse de Laplace qui se transforme sous l'action de lois mécaniques et physiques très précises, mais, même avec cette restriction, et sur le point où le triomphe de Newton a été si éclatant, est-il vrai de dire que la science moderne n'a pu s'édifier que sur les ruines du cartésianisme ?...

Et enfin si de cette science on reconnaît que Newton est séparé par la distance même où il se trouve du principe de la conservation de l'énergie, est-il permis de dire que c'est la faute de Descartes qui, en portant l'attention sur la quantité de mouvement, l'a détournée de la force vive ? Pour être juste, ne faut-il pas déclarer au contraire que par son attachement à la constance de la quantité de mouvement à travers toutes les transformations cinétiques de la matière, qui s'accompagnent à ses yeux de phénomènes sensibles spécifiques, Descartes s'est trouvé infiniment plus près que Newton de notre conception de l'énergie ?

En somme, ce qui reste vrai, c'est que Descartes et Newton, dans la mesure où leurs travaux se ressentent de leurs tendances personnelles, représentent deux aspects différents de l'esprit scientifique. Newton donne plus d'importance à l'observation et à l'expérience, Descartes à l'anticipation ; mais au fond ils se trouvent plus rapprochés qu'il ne semble, ne fût-ce que pour avoir puisé l'un et l'autre aux sources de la pensée mathématique. Newton croit ne voir en celle ci que le moyen d'introduire des mesures précises : pendant combien de siècles pourtant les Orientaux ont accumulé les faits et les mesures ; et au moyen âge, que de calculs, que de pesées, que de mesures de toutes sortes ont dû effectuer les alchimistes dans leurs laboratoires, sans qu'aucune science véritable prît naissance? — Descartes, malgré le sens utilitaire dans lequel il envisage parfois les mathématiques, paraît ordinairement frappé surtout de leur pouvoir de donner la certitude par les longues chaînes de raisons qu'elles déroulent ; mais il ne voit pas ce qu'elles ont en elles de souple et de vivant, capable de progrès illimités. Ni l'un ni l'autre ne semblent avoir senti assez profondément la force et la valeur du courant qui les entraîne, où ils viennent naturellement l'un à la suite de l'autre, sans se détruire, mais en se complétant au contraire, quelle que soit la différence de leurs tempéraments et des appréciations qu'ils leur suggèrent sur leurs propres travaux.

Rev. de Mét. et de Mor., 1908.

TABLE DES MATIÈRES

Poitiers. — Société française d'Imprimerie.

PHILOSOPHIE ANCIENNE

ARISTOTE. **La Poétique d'Aristote,** par A. HATZFELD et M. DUFOUR. 1 volume in-8°. . . . . 6 »
— **Physique, II.** trad. et commentaire par O. HAMELIN, prof. à la Sorbonne. 1 vol. in-8° . . . . 3 »
— **Aristote et l'idéalisme platonicien,** par CH. WERNER, docteur ès lettres. 1 vol. in-8° 7 50
SOCRATE. **Philosophie de Socrate,** par A. FOUILLÉE, de l'Institut. 2 vol. in-8°. . . . . 16 »
PLATON. **Œuvres,** traduction VICTOR COUSIN, revue par J. BARTHÉLEMY-SAINT-HILAIRE : *Socrate et Platon ou le Platonisme — Eutyphron — Apologie de Socrate — Criton — Phédon*. 1 vol. in-8°. 7 50
— **La définition de l'être et la nature des idées dans le Sophiste de Platon,** par A. DIÈS, docteur ès lettres, 1 vol. in-8°. . . . . 4 »
ÉPICURE. **La Morale d'Epicure,** par M. GUYAU. 1 vol. in-8°, 5e édit. 7 50
MARC-AURÈLE. **Les pensées de Marc-Aurèle.** Trad. A.-P. LEMERCIER, doyen de l'Univ. de Caen. 1 vol. in-16. . . . . 3 50
OUVRÉ (H.). **Les formes littéraires de la pensée grecque.** 1 vol. in-8°. . . . . 10 »
GOMPERZ. **Les penseurs de la Grèce.** Trad. REYMOND. (*Trad. cour. par l'Académie française.*)
I. *La philosophie antésocratique*. 1 vol. gr. in-8°, 2e édit. . . . . . 10 »
II. *Athènes, Socrate et les Socratiques, Platon*. 1 vol gr. in-8°, 2e édit.. 12 »
III. *L'Ancienne Académie. Aristote et ses successeurs : Théophraste et Straton de Lampsaque*. 1 vol. gr. in 8° . . . . 10 »
RODIER (G.), prof. à la Sorbonne. **La Physique de Straton de Lampsaque.** In-8°. . . . . 3 »
MILHAUD (G.), prof. à la Sorbonne. **Les philosophes géomètres de la Grèce.** In-8° (*Couronné par l'Institut*). . . . . 6 »
FABRE (Joseph). **La Pensée antique.** *De Moïse à Marc-Aurèle*. 3e édit. 5 »
— **La Pensée chrétienne.** *Des Evangiles à l'Imitation de J.-C.* 1 vol. in-8°. . . . . 9 »
DIÈS (A.), docteur ès lettres. **Le cycle mystique.** *La divinité. Origine et fin des existences individuelles dans la philosophie antésocratique*. 1 vol. in-8° . . 4 »
RIVAUD (A.). chargé de cours à l'Université de Poitiers. **Le problème du devenir et la notion de la matière,** *des origines jusqu'à Théophraste* (*Couronné par l'Académie française*). In-8°. . . . . 10 »
GUYOT (H.), docteur ès lettres. **L'Infinité divine** *depuis Philon le Juif jusqu'à Plotin*. In-8° . . . . 5 »
ROBIN (L.), chargé de cours à l'Université de Caen **La théorie platonicienne des idées et des nombres d'après Aristote.** Etude historique et critique. In-8° (*Récompensé par l'Institut*) 12 50
— **La théorie platonicienne de l'Amour.** 1 vol. in-8° 3 75
(Ces deux volumes ont été couronnés par l'Institut et par l'Association pour l'encouragement des Etudes grecques.)
DESCARTES, par L. LIARD, de l'Institut, 2e édit. 1 vol in-8°. . . . . . . 5 »
— **Le Système de Descartes,** par O HAMELIN, chargé de cours à la Sorbonne, publié par L ROBIN, chargé de cours à l'Université de Caen. Préface de E. EMILE DURKHEIM prof à la Sorbonne. 1 vol. in-8°. 7 50
— **Essai sur l'Esthétique de Descartes.** par E. KRANTZ prof. à l'Université de Nancy. 1 vol. in 8°. . . . . 6 »
KANT. **Critique de la Raison pratique,** trad., introd. et notes, par M. PICAVET. 3e édit., 1 vol. in-8°. . . . . 6 »
— **Critique de la Raison pure,** traduction par MM. PACAUD et TREMESAYGUES. 2e édit., in-8°. . . . . 12 »
— **Eclaircissements sur la Critique de la Raison pure,** trad. TISSOT. 1 vol. in-8°. . . . . 6 »
— **Mélanges de Logique,** trad. TISSOT. 1 vol in-8°. . . . . 6 »

www.ingramcontent.com/pod-product-compliance
Ingram Content Group UK Ltd.
Pitfield, Milton Keynes, MK11 3LW, UK
UKHW021925230726
13925UKWH00007B/501